軍事專家解讀

F-35閃電戰機全揭祕

瑞昇文化

前 言

　　洛克希德‧馬丁的F-35閃電Ⅱ，是美國正在研發的最新型多功能戰鬥機。這對美軍來說，是洛克希德‧馬丁F-22A猛禽在2005年4月開始部署於第一線戰鬥航空隊之後，所出現的第一架新型戰鬥機。身為製造商的洛克希德‧馬丁用「第5世代戰鬥機」來稱呼這兩個機種，強調它們比其他所有戰鬥機都還要先進。

　　實際進行比較，F-22與F-35確實具備一些其他戰鬥機所沒有的特徵，這些都將在本書內進行介紹。而同樣屬於第5世代戰鬥機的F-22與F-35，也有許多差異存在。

　　首先，F-22雖然擁有對地攻擊能力，但基本上是以空對空戰鬥為主要設計目標。相較之下，F-35則是以多功能戰鬥機來進行研發，基本設計在一開始就涵蓋有對地攻擊能力。我在2007年採訪洛克希德‧馬丁時，得到了足以証明這點的說明。跟F-15、F-16等第4世代戰鬥機相比，洛克希德‧馬丁對F-22與F-35的性能提出了以下數據：

〔空對空任務〕

‧生存性：F-22為9倍、F-35為4倍

‧效　能：F-22為10倍、F-35為4倍

〔空對地任務〕

．固定目標：F-22為5倍、F-35為8倍

．移動目標：F-22為4倍、F-35為9倍

這個數據顯示F-22執行空對空任務時的有效性，而F-35則是在對地攻擊能力方面占有優勢。而F-35還裝備有各種多樣化的偵測器，在情資收集方面也比F-22稍微優秀一些。

另一個決定性的不同，是F-22在研發初期就以絕不外銷為基本原則（實際上也沒有）來去除情報外洩的風險，因此可以用較高預算毫無保留的引進各種最新技術。相較之下F-35則是在研發階段就以外銷給各個同盟國為前提，預定取代暢銷機種的F-16，成為提升同盟國自我防衛能力的新型戰鬥機。部分國家甚至在研發階段就開始參與，就美國的戰鬥機計劃來說極為特殊。根據洛克希德‧馬丁的說明，NATO（北大西洋公約組織）中的許多國家已經決定採用F-35，當作通用戰鬥機來運用。要是環太平洋地區也能採用的話，同盟國之間就可以擁有共通的裝備，提高國際間作戰跟運用的相容性，架構出穩固的地區防衛體制。

還有一個重點，是F-35的聯合攻擊戰鬥機（JSF）計劃在東西冷戰結束之後才開始。因此F-35是全世界第1架考量到變化之後的世界武力均衡，對應新時代局勢的戰鬥機。隨著冷戰結束，許多國家逐漸縮小軍隊規模，並盡可能的刪減軍事預算。這也讓F-35在研發上出現兩個相互矛盾的目標，除了得運用從F-22身上所學到的各種技術，來維持少數精良的作戰能力，還得盡可能的壓低各種預算，實現低廉的造價。光就美軍來看，擁有不同需求的空軍、海軍、海軍陸戰隊全都將新機種集中到

F-35身上，來降低研發、製造、運用所須的各種費用。不論是性能還是造價，F-35都是以符合時代需求而研發。

　1991年4月，美國空軍決定採用F-22，並在2001年10月選出洛克希德‧馬丁來成為JSF計劃的研發企業。這讓洛克希德‧馬丁成為唯一一家美國次世代戰鬥機的製造商，採訪該企業的機會也一口氣增加不少。不過一直到2000年代的中期為止，採訪對象一直都是F-22。雖然每次造訪也會順便提起F-35，但都不曾有過什麼足以透露的詳細內容。可是在F-22即將停產的今日，F-35的重要性已經不可同日而語。日本航空自衛隊將F-35列為次期主力戰鬥機的候補之一，洛克希德‧馬丁也用F-35來對日本國防部進行提案。因此在2011年初，以F-35為主體的採訪終於被實現。

　這次採訪不光只是製造機體的洛克希德‧馬丁本公司，還造訪洛克希德‧馬丁的感測器與武器部門，以及研發、製造引擎的普惠公司，負責雷達的諾斯洛普‧格魯曼公司，專精於各種武器的雷神公司，涉足全美各地。而這些成果當然都濃縮在本書之中。採訪結束之後，本人也盡可能的與各種新出爐的情報進行對照，反應到本書之中。只是F-35目前還處於研發階段，雖然基本部分應該不會再有所變更，但各個細節尚未定案，這點要請讀者們多多包涵。

　最後，製作本書內容時，得到科學書籍編輯部的益田賢治先生提供許多寶貴建議，在此表達感謝。

青木謙知

CONTENTS

軍事專家解讀　F-35閃電戰機全揭秘

垂直降落、HMD、多功能性　與F-22並稱「第五世代戰鬥機」

CONTENTS

第1章

F-35的厲害之處

F-35從單一的基本設計之中，研發出空軍用、海軍用、海軍陸戰隊用等3種類型的機體。另外在設計階段就考慮到新世代戰鬥機必備的匿蹤機能。我們將在此說明F-35的概要。

F-35的目標

　　洛克希德‧馬丁的F-35閃電II，是為了美國聯合攻擊戰鬥機（JSF）計劃所研發的多功能戰機。在2001年10月26日被採用。JSF計劃的相關背景，將在34頁做詳細的介紹。進入21世紀之後，美國空軍、海軍、海軍陸戰隊在1980年代中期所採用的各種戰鬥機與攻擊機，紛紛進入了汰換時期，而JSF這個新型戰機計劃的主要目的，就是為這些單位研發替換用的後續機種。其指定對象有美國空軍的洛克希德‧馬丁F-16戰隼、費柴爾德A-10雷霆II，海軍的波音F／A-18A～D黃蜂戰機，海軍陸戰隊的波音F／A-18C／D黃蜂、波音AV-8B海獵鷹II。當初這些機體的後續機種，都是由各個單位分頭進行研究。可是在1980年代末期東歐諸國民主化的氣運高漲，1991年12月25日蘇聯瓦解，以美蘇為中心的東西冷戰正式結束，讓美國政府大幅刪減軍事預算、大規模縮小軍備。在這樣的政治大環境與財政困難的影響之下，軍方各個單位沒辦法再分別研發各部隊所須的新型戰鬥機與攻擊機，於是就合在一起進行好降低成本。就這樣子，JSF計劃開始進入選定機種的作業。

　　許多近代研發的戰鬥機，都搭載有多樣化的電子儀器，武裝搭載能力也相當多元，基本上可以當作多功能戰機來運用，因此讓各個兵種引進同一機體並無不可。不過雖然在基本部分找出通用性，但各個單位卻在細節上擁有不同的需求。

　　因此JSF計劃的目標被定為活用設計相同的基本機體，加上不同的變更來滿足各兵種的需求。海軍的戰機以航空母艦為中心來運用，因此要盡可能降低著艦速度，機體也要能夠承受著艦時的衝擊，並且盡可能的加大作戰半徑。海軍陸戰隊則是要替換垂直／短距離降落（V／STOL）的AV-8B，所以要有同樣的功能。完全相同的機體無法同時達成這些需求，因此JSF計劃決定以同樣的基本構造進行改良，發展出對應各兵種需求的類型。F-35的各個發展型，將在14頁進行介紹。另外本計劃的「J」是Joint（聯合）的縮寫，代表複數的軍事機構引進同樣裝備的意思。

美國在複數軍事組織採用同樣裝備的計劃中，用代表聯合（Joint）的「J」來當作代號。照片內的V-22魚鷹式傾轉旋翼機的計劃名稱為次期聯合垂直起降機（JVX），是第一個擁有「J」代號的計劃。　　　　　（照片提供：美國海軍）

F-35設計上的特徵

　　就如同前項所記述的，JSF計劃必須用單一基本設計來滿足三軍不同的需求，除此之外還必須要價位低廉，盡可能降低運用上所須要的成本。這讓F-35成為小型的單引擎機，而為了可以運用在各種作戰任務上，它還得具備多元化的武裝搭載能力。當然還有第5世代戰鬥機不可缺少的匿蹤機構。

　　關於戰鬥機的匿蹤性，透過第一代隱形戰鬥機F-117、美國空軍先進戰術戰鬥機（ATF）計劃所採用的F-22猛禽，洛克希德・馬丁發展出極為先進的技術。理所當然的，這些技術都被用來設計F-35。事實證明F-35與F-22雖然有單引擎跟雙引擎的不同，但機體造型有著許多相似之處，顯示它繼承有相關的匿蹤性技術。另一方面，F-22的試作機YF-22與F-35的技術實驗機X-35，兩者的研發時間前後相差10年。因此在這段時間內所研發出來的新技術，以及從F-117與F-22身上所得到的教訓等等，都將反應在F-35身上。

　　F-35設計上最著重的地方，莫過於盡可能提高為了滿足三軍需求的三種類型之間的共通性。對此，洛克希德・馬丁公開了以下數字做為證明：

◇空軍型F-35A：完全通用設計部分39.2%、同一類型設計部分
　　41.0%、獨立設計部分19.8%

◇海軍陸戰隊型F-35B：完全通用設計部分29.9%、同一類型設計部分

37.5％、獨立設計部分32.6％

◇海軍型F-35C：完全通用設計部分27.8％、同一類型設計部分
29.1％、獨立設計部分43.1％

　獨立設計部分最多的海軍型，也有50％以上是完全相通或類似性設計，因此各種類型之間確實擁有充分的共通性。F-35在進行設計作業時，使用電腦的三維互動軟體（CATIA），以數位方式來製作基礎模型，讓各個不同部分的設計作業更加合理化。

　另外，為了提高執行任務時的匿蹤性，F-35跟F-22採取相同的設計，將武器艙設置在機身內部，以避免機身外的武裝被雷達偵測到。當然，為了對應多元化的任務，F-35的機身外部還是設置有武器懸掛點。

雖然有單引擎跟雙引擎的差異，F-35的機體造型與美國空軍先進戰術戰鬥機（ATF）計劃所採用的洛克希德‧馬丁的前一個作品F-22猛禽（照片內）有著許多相似之處。
（照片提供：美國空軍）

F-35A

　F-35A是提供給美國空軍的一般起降型（CTOL）。這除了是F-35最基本的造型，也將是外銷上最為普遍的類型。CTOL型的機種會用地面空軍基地的跑道來進行起降，運用方式與普遍戰鬥機沒有不同。雖然在分類上屬於一般戰機，但為了與海軍、海軍陸戰隊的F-35有所區分，特別冠上F-35A的代號。

　F-35A與它企圖取代的F-16C一樣屬於單引擎戰鬥機，總長15.67公尺，跟F-16C的15.03公尺幾乎相同。總高4.57公尺，比F-16的5.09公尺低了大約50公分。這是為了提高三種類型之間的共通性，將垂直穩定翼改成跟海軍機種相同的左右2片。海軍用的戰機必須可以收納到航空母艦甲板下的機庫，機體高度有一定的限制存在。已經退役的F-14雄貓跟現役機種的F／A-18E／F超級大黃蜂等擁有雙引擎構造的大型機種，高度也都只有4.88公尺，只比F-35A高出些許。

　另一方面跟F-35A與F-16最大的落差在於翼展，F-16C的翼展包含主翼前端的飛彈發射器在內是9.45公尺（裝上飛彈為10.00公尺），相較之下F-35A為10.67公尺。F35A的主翼前端沒有飛彈發射裝置存在，因此實際落差為1.3公尺左右。而這當然也影響到主翼面積，F-16C為27.87平方公尺，F-35A為42.74平方公尺。包含戰鬥機在內，飛機的機內燃料幾乎都是放在主翼內部。主翼面積增加代表油箱的容量也一起增加，提升燃料的搭載量。

　　實際比較機內最大燃料重量的話，F-16C為3985公斤，F-35A為8392公斤，大約是2.1倍。F-35另外還可以在主翼下方加裝外部油箱，只是理所當然的，會大幅降低匿蹤性。F-35特別重視如何在各種任務之中維持高匿蹤性，因此特別強化機內（特別是主翼內）的燃料攜帶量，在不攜帶外部油箱的狀態下盡可能的提高作戰半徑。而這也讓F-35光靠機內燃料就達成了1093公里的作戰半徑。另外只有美國空軍要求必須在機身內部加裝機關砲，因此F-35A追加有1門4連裝砲管的25毫米機砲，作為固定的基本武裝。

CTOL型的F-35A。〔規格〕翼展10.67公尺、總長15.67公尺、總高4.57公尺、主翼面積42.74平方公尺、自重13170公斤、一般起飛重量24350公斤、最大起飛重量27215公斤、引擎：普惠公司F135-PW-100（乾燥推力111千牛頓、使用後燃器178千牛頓級）×1、機內燃料重量8392公斤、最高速度馬赫1.6、作戰半徑1093公里（只使用機內燃料）、續航距離2222公里（只使用機內燃料）、最大武器搭載量8165公斤、固定武裝GAU-22／A 25毫米4連裝機砲×1（彈藥180發）、負荷限制＋9G　　　　　　　　　　　　　　　　　　　（照片提供：洛克希德‧馬丁）

F-35B

　F-35B最大的特徵，是按照必須可以替換AV-8B海獵鷹II這個海軍陸戰隊的要求，設計成可以短距離起飛垂直降落（STOVL）的機體。STOVL系統將在100頁、102頁進行介紹。這種機構之前被稱為垂直／短距離降落（V／STOL），但實際作戰時幾乎沒有用到垂直起飛的能力。要讓一架飛機垂直起飛，必須要有效率極高的引擎，並且盡可能的降低機體重量，大幅限制武裝與燃料。因此用垂直起飛來執行任務不但會減低戰鬥力，還會縮短作戰半徑。因此V／STOL戰機大多會加重機體重量（搭載較多的武裝與燃料），並選擇用較短的跑道起飛。STOVL一詞，更加正確的表現其運用方式。

　由於盡可能使用同一機殼來提高共通性，F-35B的基本尺寸與CTOL型的F-35A並沒有不同。但為了能夠垂直降落，F-35B另外加裝了旋轉式引擎排氣孔跟垂直舉升扇，並且對相關部位進行了變更。在尾部機體下方加裝有兩道艙門，讓引擎排氣孔可以朝下噴射。垂直舉升扇則是裝在駕駛艙後方，因此這個部位往上隆起，讓機艙罩變短。另外在垂直舉升扇的上（單片）下（雙片）分別設有艙門，來選擇要讓空氣吸入還是噴出。而在垂直舉升扇上方艙門的後面，則是有兩道開閉式的補助性空氣吸入口，讓後方引擎可以得到更多的空氣。

　因為這些裝備的關係，F-35B機身內所能搭載的燃料比其他類型要少。

F-35B在進行懸停飛行與垂直降落時,會將機體下方武器艙的內側艙門打開。這是為了用機身捕捉引擎跟 垂直舉升扇往下噴出的氣流抵達地面時反射回來的上升氣流,增加機體上升的力量。AV-8B會用遮板與機砲夾艙來得到同樣的效果,因此被稱為升力提升裝置(LIDS)。

F-35B的STOVL機構相當複雜,據說在研發階段遇到不少問題。例如連接引擎跟 垂直舉升扇的轉軸,移動的比想像中的還要大,若是無法解決相關問題,有可能無法進行量產。

STOVL型的F-35B。〔規格〕翼展10.67公尺、總長15.61公尺、總高4.57公尺、主翼面積42.74平方公尺、自重14588公斤、一般起飛重量22240公斤、最大起飛重量27215公斤、引擎:普惠公司F136-PW-600(乾燥推力111千牛頓、使用後燃器178千牛頓級)×1、機內燃料重量6124公斤、最高速度馬赫1.6、作戰半徑833公里(只使用機內燃料)、續航距離1667公里(只使用機內燃料)、最大武器搭載量6804公斤、固定武裝:無、負荷限制＋7G　　　(照片提供:洛克希德‧馬丁)

F-35C

　　設計給美國海軍使用的艦載（CV）型F-35C，基本上的機體組成與其他類型相同。不過為了要讓航空母艦運用，設計上出現許多變更點。其中最大的不同是主翼，美國海軍要求必須能以140節（259km/h）的低速著艦，為了達成這個目標F-35C加大主翼面積，好在低速時得到更高的升力。結果讓翼展增加到13.11公尺，比F-35A／B的10.67公尺都還要長。增加主翼面積的方式，是延長機翼外側長度，這讓F-35C的機體可以維持跟其他類型相同的基本設計。另外，加大主翼會浪費航空母艦寶貴的空間，所以還追加有可以將主翼摺起來的構造。摺疊的位置比F-35A／B的翼端還要更加靠近機身，因此摺疊後的翼展為9.47公尺，跟F／A-18E／F的9.94公尺幾乎相同。因為這個構造的關係，主翼從摺線的部位分成兩截，因此可動翼也有所改變。主翼前緣以摺線為區分，將襟翼分成兩截，後緣則是內側一截為襟翼（高升力裝置），外側一截為副翼。為了跟大型化的主翼取得平衡，垂直穩定翼跟水平穩定翼也稍微加大了一點。

　　大型的主翼，讓內部可以搭載的燃料也跟著增加。如同14頁所介紹的，F-35A機內所能搭載的燃料是8329公斤，F-16的約2.1倍，F-35C則是增加到8959公斤。這是F／A-18C的大約1.9倍，實現了1111公里的作戰半徑。

　　另外還變更起降裝置、追加著艦用的掛鉤，這些將在94頁進行介

紹。為了配合航空母艦的起降裝置，主腳架車輪之間的間隔增加了10公分，前腳架與主腳架之間的距離增加了15公分左右。

F-35C設計上最重要的目標，是足以承受著艦時產生的衝擊。洛克希德·馬丁用結構強度測驗機在2010年6月完成測試，足以承受高度2.4公尺、秒速6.1公尺掉落所造成的衝擊。從2011年3月開始，將用地面設備來模擬航空母艦彈射器，在地面完成各種模擬實驗後，將於2013年實際到航空母艦進行測試。原本預定配置F-35B的英國空軍跟海軍，已經變更計劃，改成配置F-35C。

將主翼摺疊的CV型F-35C。〔規格〕翼展13.11公尺（摺疊時為9.47公尺）、總長15.67公尺、總高4.72公尺、主翼面積62.06平方公尺、自重14548公斤、一般起飛重量25896公斤、最大起飛重量27215公斤、引擎：普惠公司F135-PW-400（乾燥推力111千牛頓、使用後燃器178千牛頓級）×1、機內燃料重量8959公斤、最高速度馬赫1.6、作戰半徑1111公里（只使用機內燃料）、續航距離2222公里（只使用機內燃料）、最大武器搭載量8165公斤、固定武裝：無、負荷限制＋7.5G

（照片提供：洛克希德·馬丁）

F-35的作戰能力

　　F-35打從一開始，就設計成可以執行各種任務的多功能戰機，讓它可以被運用在各種空對空、空對地的作戰任務上。除此之外還具備偵查、情資收集與傳達、電戰能力、指揮與統御支援能力。如此多元的機能，必須歸功於F-35優異的匿蹤能力、身為戰鬥機的作戰執行能力、感測器統合技術、連接網路所帶來的作戰行動能力、運用維持能力。

　　在空對空戰鬥之中，F-35就跟F-22一樣，優異的匿蹤性讓它很難被敵方雷達捕捉，早敵人一步進行鎖定，從視距外（BVR）發射空對空飛彈，來實現「先發現、先攻擊、先擊落」的戰術。在對地攻擊任務之中也是一樣，發揮匿蹤性來有效降低敵方地面雷達網的探測距離與偵測範圍，在不被發現的狀態下接近目標，予以痛擊。活用這個匿蹤性能，還可以深入敵方陣地，透過情報同步機能來將各種感測器所得到的情報傳送給作戰司令部。這被稱為偵查、情資收集與傳達能力。

　　在重視匿蹤性的任務之中，F-35會將武裝收納在機身內部，機外完全不攜帶任何裝備，如此可以維持最高飛行速度。這種型態可以將機體的空氣阻力降到最低，全時間發揮最大速度與加速能力。F-35並沒有被要求必須具備馬赫2以上的最大速度，因此最高速度是比F-22要低的馬赫1.6。

　　不過若是比較加速度，據說在次音速與穿音速時，要比最高速度馬

赫2.5的F-15更為優秀。另外，戰鬥機若是將武器懸掛在主翼下方，會在該部位產生負荷，讓戰機無法用最大負荷展開機動，F-35則沒有這種限制存在。將武裝懸掛在主翼下方會造成主翼負荷增加，在這種狀況下，就算規格上的最大負荷為9G（重力的9倍），也會被限制在6G或7G左右（搭載數量越多最大負荷越低）。F-35的最大負荷一樣是9G，但只要將武裝收納在機身內部，就不會對主翼造成額外的負荷，可以全時間承受最大負荷的9G。

F-35A可以用最大負荷的9G來進行飛行。將武裝搭載於機外的機種，搭載的武裝越多，最大負荷的上限也跟著降低，F-35只要將武裝搭載收納於機身內部，就可以在搭載武裝的狀態下用最大負荷的9G展開飛行。　　　（照片提供：洛克希德‧馬丁）

F-35的匿蹤性

　　F-35是繼F-22之後研發的第2架第5世代戰鬥機，其代表性的特徵之一，是具備優異的匿蹤性（隱密性）。洛克希德‧馬丁認為真正的匿蹤性，只有在設計階段著手進行才有辦法達成，用現存機體事後改造，會有其上限存在。匿蹤性另外也稱為超低可視性（VLO／Very Low Observable）。F-35除了使用雷達吸波結構之外，還在設計階段就融入以下的VLO技術。

◇考慮到低可視性的接縫、以及用雷達波吸收材料的封閉物（RAM）

◇用彎曲的無附面層隔道來連接進氣口跟引擎

◇大容量的機內油箱

◇埋入式天線

◇減少引擎進氣口的裸露部分

◇將機體外觀的邊緣跟角度統一

◇將武裝收納於機身內部

◇融合內部天線與感測器

◇分配孔徑感測器的開孔與機身外殼一體化

◇配備光電目標定位系統與紅外線感測器

◇降低雷達與各種電子儀器外洩的電波

　　講到匿蹤性的時候，一般會用面對雷達時的不可見度來進行論述。這是評估匿蹤機構時極為重要的項目，我們將在下一個標題詳細說

明，不過雷達並不是找出戰鬥機的唯一手段。

在大氣中高速飛行的航空載具，其外殼會與空氣摩擦來產生摩擦熱，引擎也會持續排放遠遠高出周圍溫度的噴射氣流。這些熱源可以很容易的用紅外線感測器來捕捉，近代戰鬥機理所當然的配備有這種裝備，許多飛彈進行追蹤時也都使用紅外線來當作導引裝置。一架戰機遇到這些裝置能否持續維持隱形，也是匿蹤機構必須面對的重大考驗。F-35會靠引擎周圍的構造與機體形狀，來確保自己不被紅外線探測到，另外還裝備有高性能的感測器來探測敵方紅外線感測器所造成的威脅，提高自身的存活性。

F-35去除機身各個部位接縫所造成的高低差，並用RAM進行密封。各種天線也都埋在機殼內部，表面幾乎沒有突出物存在。照片內的機體為AA-1

（照片提供：洛克希德・馬丁）

F-35的反雷達對策

　　身為第5世代戰鬥機的F-35理所當然的，在設計與製造上，對雷達有著極高的隱密性。有關製造方面的情報，我們將在第28頁進行詳細的介紹。不過特別值得在此一提的，是稱為密封線控制技術的工法。它可以讓機殼外部所有的接縫幾乎消失，更進一步的用RAM進行密封之後，高低差、溝道等反射雷達電波的主因將完全被排除。不過在另一方面，F-35並不是一切都以匿蹤性為優先。F-35所追求的是可以執行各種作戰任務的性能（搭載多元化的武裝等等），因此設計上會在作戰執行能力與匿蹤性之間尋求妥協點。將武裝收納在機身內部，可以執行須要高隱密性的任務，另一方面如果火力的需求更勝於匿蹤性，則會在機身外部搭載充分的武器。

　　讓我們在此簡單說明，面對雷達時匿蹤性的評估基準。是否會被雷達探測到的數據，一般會用機體的雷達截面積（RCS）來表示。各位只要把這個數據當作反射雷達電波到什麼程度即可。據說要讓雷達探測距離減半的數字是1／16RCS。這個1／16的數字，可以替換成每1平方公尺12dB（12dbsm／12 DEcibel Squared Meter）。以此為基準，假設敵方戰機具備80海浬（148公里）的探測能力，要讓敵方的實際有效探測能力降低到10海浬（18.5公里）的話，則必須擁有1／4000的RCS，也就是要減少36dbsm。

　　用更簡單的數據來比喻，沒有採取匿蹤對策，RCS為10平方公尺的

航空器會在148公里的距離被探測到。若要將探測距離縮短到18.5公里，則必須將RCS降低到0.0025平方公尺。F-35與F-22等最新式的戰鬥機並沒有公佈RCS的詳細數據，但有部分消息指出，F-22的RCS在0.01平方公尺以下，從此可以推測雷達要捕捉F-22有多麼困難。而在F-22之後所研發的F-35，若是機外沒有任何額外的裝備，其匿蹤性理應不輸給F-22。再加上F-35是單引擎的小型戰鬥機，機身整體的面積比F-22還要更小。因此除了更難以被雷達探測到之外，也更不容易被肉眼捕捉。

為了調查F-35的雷達截面積跟雷達波反射特性所製作的實物大模型「Signature Pole（標示柱）」。將模型倒過來裝在柱子上，於戶外照射雷達電波來進行實驗。
（照片提供：洛克希德‧馬丁）

網路同步能力

　　最新世代的戰鬥機，除了個別作戰能力高出以往，另外還必須架構網路來進行統籌性的作戰行動，讓所有機體可以形成一體性的戰力來執行任務。這個能力稱為網路中心行動（NCO／Network-Centric Operations），是用網路連結戰場上所有因素，讓包含司令部在內的所有作戰組織，共享從整個戰場到個別戰區的所有狀況與情報。架構這種網路不可缺少的，是被稱為資訊同步的通訊裝置，這在美國稱為聯合戰術分發情報系統（JTIDS），歐洲則稱為多功能情報分發系統（MIDS），兩者基本上相同，目前使用的裝置稱為Link 16（JADIL-J／戰術數位資訊鏈路）。

　　這種系統讓F-35可以跟編隊內的其他機體、其他的F-35編隊，或是空中預警管制機（AWACS）、聯合監視目標攻擊雷達系統（J-STARS）等收集情報來管理作戰部隊的支援機體之間，即時性的交換情報，對變化的戰局做出迅速的反應。比方說F-35從遠方用雷達捕捉敵人，則敵人將會進行反探測，某種程度把握到F-35的位置，此時F-35可以將情報傳送給距離目標更近，但沒有使用雷達的F-35，交給沒有被敵人發現的F-35來進行攻擊。

　　而不光只是雷達資訊，對於用光電目標定位系統（EOTS，參閱72頁）或電子光學分配開口系統（EO DAS，參閱74頁）捕捉到的目標也是一樣。另外，EO DAS可以跟編隊內的所有機體共享威脅探測情報，

藉此提高駕駛員的狀況判斷能力與存活性。

　　更進一步的，F-35具有活用匿蹤機能來深入敵方陣地的能力。潛入的機體可以透過資訊同步來傳送偵查情報，必要的話也可以由F-35來對友軍機體進行指揮。

活用F-35的網路同步機能，可以深入敵方陣地上空，將感測器捕捉到的影像等各種情報傳送給其他作戰組織，在部隊之間共享偵查到的資訊。

（照片提供：洛克希德‧馬丁）

F-35的生產體制

　　F-35會在洛克希德・馬丁位於美國德克薩斯州的沃斯堡工廠進行最後的組裝。若是以機體各個部位的組件，或是更小的零件來看的話，則有超過250家的企業參與製造。就算集中在機體各個主要部分，沃斯堡工廠負責製造的只有機身前方與單邊的主翼，機身中央是諾斯洛普・格魯曼在棕櫚谷的工廠，機身後方是英國航太系統公司在桑斯柏里的工廠製造。另一邊主翼由義大利的阿萊尼亞公司負責製造，垂直穩定翼在澳大利亞，水平穩定翼在加拿大製造。像這樣在世界各地製造的零組件將被運到沃斯堡工廠，來進行最後的組裝。在整體的組裝作業之前，會先將左右主翼與中央機體連結起來，考慮到效率跟成本，會以垂直豎起的姿勢來進行作業。

　　進行最後組裝工程時，首先會在電子配對工作站將機身前方、裝好主翼的機身中央、機身後方、尾翼進行結合。各個組件會在電腦監控之下以極高的精準度來決定正確位置，大幅縮短作業時間。這個作業結束之後，將系統與各種裝備安裝進去即可完成組裝。F-35是首次採用生產線（Moving Line）來製造的戰鬥機。這是讓機身以固定的速度一邊移動一邊進行組裝作業，讓各種細節最合理化的生產方式。在2011年1月的時間點上，工廠內所採用的作業方式是讓機身外殼通過5個大型作業站，以具大的機械手臂來進行作業。

　　可是後來發現這種作業方式效率並不彰顯，因此將改成更為精簡的

方式。在這個流動生產線上，各個機體會以時速55英吋（1.4公尺）的緩慢速度來移動。以這種新的型態進行生產的F-35，在生產線運轉效率處於巔峰狀態時，每個月可以生產20～30架。另外也決定在義大利設置組裝工廠，不過此處只會製造即將給義大利軍使用的131架，不會成為大量生產的動線式工廠。

沃斯堡工廠內的F-35最終組裝動線。F-35設計成3種類型都可以在同一生產線上進行製造。照片中的最終組裝動線也裝備有動線生產的系統，讓等待作業的機體以時速1.4公尺的低速來進行移動。　　　　　　　　　（照片提供：洛克希德‧馬丁）

經濟可負擔性

主導F-35的聯合攻擊戰鬥機（JSF）計劃，對於戰鬥機的訴求除了多元化的機能之外，還必須具備良好的經濟可負擔性（Affordability）。Affordability也可以稱為「取得上的便利性」，足以讓人有能力購買的便宜價格，運用期間所須的成本不會造成經濟上負擔等等。成為JSF基礎的幾個未來戰機研究計劃，都是在冷戰結束之後展開。冷戰的終結讓美國大幅削減國防預算，而這也影響到戰鬥機的研究計劃，開始將製造成本當作主力戰機的必備條件之一，盡可能降低研究、開發所需的經費。在這股風潮之中誕生的JSF計劃，理所當然的也將經濟可負擔性列為重要考量。

實現良好經濟可負擔性的第一步，是用單一基本設計來實現空軍、海軍、海軍陸戰隊獨立的需求。這讓政府可以用單一機種的研發費用來實現三個機種，而三軍所需的數量一起進行量產，也可以得到降低機體造價的效果。而在實際運用上，則可以統一地面基地的後援設備，來降低運用上所須要的成本。不過JSF計劃所追求的經濟可負擔性還不只如此，在對波音公司與洛克希德・馬丁公司進行比較性審查的概念發展階段（CDP）時，特地對雙方關於經濟可負擔性的實踐計劃進行審核。從三軍機種的共通性，到製造工程的低成本化，內容涉及各個層面，最後與戰機本身的性能一起進行評估。

JSF計劃的研發企業最後選上洛克希德・馬丁公司，但在審查結束

之後改良經濟可負擔性的作業也沒有中斷。在系統研發與實踐階段（SDD）讓美國以外的各個企業伙伴一起參與也是其中一環，讓計劃團隊可以從外部調度資金。另外則是讓這些國家的企業分擔各個零組件的製造作業，來分散研發製造的風險與經費。當然參與的各國都是F-35潛在性的買家，因此還可以得到增加製造數量（降低造價）的優勢。

主翼與機體中央部位的組裝作業。F-35的製造現場引進有許多新型的作業工具，來提高作業的便利性與工程的精簡化。這將有助於提高製造方面的經濟可負擔性。
（照片提供：洛克希德・馬丁）

　　洛克希德‧馬丁公司內部有「先進開發計劃」這個專門研究新型航空器的部門存在，這個部門一般被人稱為臭鼬工廠（Skunk works）。成立這個部門的人，是洛克希德‧馬丁的技師凱利‧強森（Clarence Leonard Johnson）與班‧李奇（Ben R Rich），他們的頭號作品是P-80流星噴射戰鬥機。之後以著名的諜報偵查機U-2與超高速偵察機SR-71為首，研發有許多獨特的航空器。臭鼬工廠用他們優異的技術力在1970年代中期取得隱形戰機的研究合約，在1978年開始製造具有實用性的隱形戰鬥機F-117。這份匿蹤技術卸接到了今日的F-22與F-35。近年則著手研發各種無人航空器與超大型的飛行船。

洛克希德‧馬丁研究、開發的超高度長時間展示用飛船。總長73.2公尺、直徑21.3公尺、船體容積14158立方公尺，計劃將賦予它停留在空中15天以上的能力。 　　　　　　　　　　　　（照片提供：洛克希德‧馬丁）

第 2 章

F-35的起源

受到聯合攻擊戰鬥機（JSF）計劃所採用的F-35。JSF
計劃有著什麼樣的內容，又是在什麼樣的過程之下決定
採用F-35，另外也將介紹F-35的研發作業是如何進行
的。

何謂JSF計劃

　　美國的聯合攻擊戰鬥機（JSF）計劃，主要是將1990年代美軍所主導的各種戰鬥機研究計劃整合在一起，其背景在下一個標題也會持續介紹。這些研究計劃的目的，是研發美國空軍、海軍、海軍陸戰隊所使用的F-16、A-10、F／A-18、AV-8B等戰機的後續機種。各個兵種對於戰機都有自己獨特的需求，運用方式跟能力也有所不同，因此一直以來都是各自研發適合自己使用的新型戰機。可是在1980年代末期東歐出現民主化的風潮，再加上蘇聯於1991年12月25日瓦解讓東西方冷戰走入歷史，讓失去主要假想敵的美國政府大幅削減軍備與國防預算。研發新型戰機必須動用高額的預算，而機種數量增加的話，就代表每一種類的生產數量減少，生產所須的單價也跟著提高。對此美國政府採取的對策，是將各種研發計劃整合在一起。

　　在這樣的背景之下所誕生的JSF計劃，就如同先前所介紹的，計劃用單一基礎設計來製造空軍用的一般起降（CTOL）型、海軍陸戰隊用的短距離起飛垂直降落（STOVL）型、海軍用的艦載（CV）型等三個新型機種。另外，運用垂直／短距離降落（V／STOL）機的獵鷹系列的英國空軍跟海軍，也認為海軍陸戰隊的STOVL型適合作為他們的後續機種，在初期作業的階段就參與JSF計劃。就這樣，美國國防部在1996年3月22日對各製造商發出了專案建議委託書（RFP）。對此，波音、洛克希德‧馬丁、麥克唐納‧道格拉斯等三家公司，在6月14日的期

限之前交出提案書，展開選出2家來進行競爭的第一次審核。

在這個時間點上的JSF計劃，預定配備1763架來做為F-16與A-10的後續機種、480架做為美國海軍F／A-18A～D的後續機種、609架做為美國海軍陸戰隊F／A-18A～D與AV-8B的後續機種，光是美軍的預定生產機數就高達2852架，再加上英國空軍的90架與英國海軍的60架，成為總共3002架的大規模合約。

第一次審查的結果在1996年11月16日公佈。首先落選的，是麥克唐納‧道格拉斯。

JSF計劃對三家製造商的提案進行審查。照片內是麥克唐納‧道格拉斯所提出的機體，特徵是彎曲的主翼後緣跟角度極為傾斜的尾翼。很遺憾的沒有機會進入用測驗機來証實設計理念的概念發展作業。　　　（照片提供：麥克唐納‧道格拉斯）

JSF計劃的歷史

　　如同上一個標題所介紹的，JSF是將複數研發計劃整合在一起的結果。在此介紹其中幾個最主要的研究計劃。

　　在1992年底所策劃的，次期短距離起飛垂直降落（ASTOVL）機。這個計劃所要研發的是美國海軍陸戰隊所使用AV-8B海獵鷹Ⅱ的後續機種。目標是跟海獵鷹Ⅱ一樣，具備短距離起飛、垂直降落、懸停飛行等功能的戰機。另外還預定會具備海獵鷹Ⅱ所沒有的超音速飛行能力，因此也被稱為超音速STOVL戰鬥機（SSF）計劃。

　　另一方面美國海軍在進入1990年代之後，就展開取代F／A-18大黃蜂的次期戰鬥攻擊機（F／A-X）的概念性研究。同一時期空軍也獨自展開新的多功能戰機（MRF）研究計劃。但在1993年4月兩者因為預算問題而被中止。不過面對逐漸老化的現行機種，還是要有足以替補的新型戰機，所以改成由空軍跟海軍共同成立聯合先進攻擊技術（JAST）的研究計劃，持續進行技術性的開發。

　　除此之外，被稱為共同可負擔之輕型戰鬥機（CALF）的研究也同時展開。這個計劃的目的是研究成本低廉的新型戰鬥機，當初屬於ASTOVL計劃的一部分，後來將一般起降型的戰機也列為對象。

　　這些研究逐漸被整合成單一計劃，終於在1995年美國空軍跟海軍簽訂了聯合暫時性需求文件（JIRD）。JIRD整理出雙方共通的需求，不過也承認這些需求今後將有所變更。為了不讓經費過度膨脹，另外也規

定必須常時考量成本上的均衡。就這樣子，各軍種同意從單一性的共通計劃來配備符合自己需求的戰機，這個計劃成為後來的聯合攻擊戰鬥機（JSF）。實際進行JSF的作業時，在正式採用之前會先經過概念發展階段（CDP），由通過審核的兩家廠商製造實驗機，比較雙方的性能來採用最優良的設計。最後從提案的三家廠商之中選出了波音跟洛克希德‧馬丁。

照片內的AV-8B海獵鷹Ⅱ的後續機種研發計劃也被併入JSF之中。STOVL規格的F-35B若是可以順利量產，將是世界第一架具備超音速飛行能力的實用型STOVL機。　　　　　　　　　　　　　　　　　（照片提供：美國海軍陸戰隊）

波音VS洛克希德・馬丁

　　進入CDP作業的波音與洛克希德・馬丁，分別簽訂製作兩架概念驗證機的契約。此時JSF計劃已經決定按照各個軍種的需求，製造空軍用、海軍用、海軍陸戰隊用的三種不同類型。按照一般慣例，概念驗證機應該也分別製作三種類型，但JSF的CDP作業對雙方做出的要求，是証明可以從單一基本設計發展出3種類型。因此採取製造兩架概念驗證機，並且證實可以賦予驗證機三種不同機能的手法。這種審核方式另外還可以證明JSF計劃極為重視的經濟可負擔性（Affordability）。除了用驗證機來進行測驗性飛行，還會審核雙方的機體造價、運用上的成本與製造工程。

　　波音的驗證機被賦予X-32的制式名稱，洛克希德・馬丁則是X-35。美軍在研發新機種的時候，會用「Y」來做為試作機的代號。比方說美國空軍的先進戰術戰鬥機（ATF）計劃，是由洛克希德的YF-22與諾斯洛普的YF-23來爭奪制式機種的寶座。可是JSF計劃所使用的代號並不是試作機的「Y」，而是代表實驗機種的「X」。這是因為在本計劃的CDP作業之中，廠商沒有必要證明該機種身為戰鬥機的能力，只要證明可以用單一基本設計來製造出三種類型，並且滿足基本性的需求即可。因此也特別允許在未來進入量產階段時，可以依照需求來變更驗證機的機體形狀、構造。

　　當然，完全更改設計會對經濟可負擔性造成重大影響，因此不在考

量範圍之內，不過廠商沒有必要將驗證機的設計完全反應在量產機身上。

另外在JSF計畫的CDP作業之後，還會進行系統發展演示（SDD）作業，能夠進入這個階段的只有在CDP之中得到最高評價的一家廠商。假設一方的CTOL型較為優秀，另一方的STOVL型評價較高，也不會按照不同類型來選擇不同的廠商，也就是採用「贏家全拿」的規則。因此落敗一方將完全無法得到利潤，讓波音與洛克希德‧馬丁在CDP作業之中使出了渾身解數。

在CDP作業之中，波音與洛克希德‧馬丁各自製作兩架概念驗證機來進行比較性審查。波音的機體為X-32，洛克希德‧馬丁的機體為X-35（照片內），兩者都被賦予代表實驗機種的制式代號。照片內是X-35的1號機X-35A。

（照片提供：洛克希德‧馬丁）

何謂比較性飛行評估

在JSF計劃進入CDP（概念發展階段）的作業時，會讓波音的X-32與洛克希德·馬丁的X-35進行比較性飛行評估。就如同它字面上的意思，比較性飛行評估是讓複數的候補機種實際進行試飛，來比較雙方性能上的優劣，並採用最為優秀的機種。因為是在決定購買之前進行試飛，所以這個審查方式也被稱為「Fly Before Buy」（先飛再買）。這跟審查各個廠商對於專案建議委託書所做出的書面回應，來決定採用機種的評估方式相比，必須跟廠商締結製造試作機的契約（在JSF的場合為實驗機），因此會產生額外的費用，好處是可以實際確認是否具備必要的性能。美國到目前為止也有幾個機種是用這種方式來進行審核。

就近代的機種來看，1973年1月決定採用的美國空軍次期攻擊機（A-X）、一樣屬於美國空軍在1975年1月決定採用的空戰戰鬥機（ACF）計劃，都是用比較性飛行評估來決定採用機種。在A-X計劃中由諾斯洛普YA-9跟費柴爾德YA-10展開競爭，由費柴爾德勝出。而在ACF計劃之中是由通用動力的YF-16與諾斯洛普YF-17進行審查，由YF-16勝出。而美國海軍也在1974年8月提出海軍空戰戰鬥機（NACF）計劃，對空軍ACF候補的兩個機種進行比較。在NACF的場合，反而是在空軍審查中敗北的YF-17得到優勢，由麥克唐納·道格拉斯進行量產所須要的修改，在1975年5月正式採用為F／A-18。

美國陸軍也是一樣，在引進新型武裝直昇機的先進攻擊直昇機

（AAH）計劃之中，由響鈴 YAH-63 與休斯 YAH-64 進行比較性飛行評估，在1976年12月決定採用 YAH-64。

　　比較最近則是有美國空軍的先進戰術戰鬥機（ATF）計劃。為了決定 F-15 鷹式戰機的後續機種，由洛克希德（YF-22）與諾斯洛普（YF-23）兩家廠商分別製作兩架試作機，引擎也由普惠公司（YF119）與通用動力公司（YF120）來競爭，讓兩架試作機分別裝備不同的引擎。後來在 1991年4月，決定採用 YF-22 與 YF119 的組合。

美軍在過去的幾個計劃之中，進行過好幾次的比較性飛行評估。空軍的先進戰術戰鬥機（ATF）計劃也是其中之一，由洛克希德 YF-22（下）諾斯洛普 YF-23（上）展開競爭。　　　　　　　　　　　　　　　　　　　　（照片提供：美國空軍）

不同的證明手法

　　由波音與洛克希德‧馬丁所製造的概念驗證機,就如同先前所介紹的,必須只用兩架機體來證明足以滿足美國空軍、海軍、海軍陸戰隊的所有需求。基本型態是空軍所要求的,具備優良的匿蹤性與超音速飛行能力,並且擁有大約1090公里的作戰半徑。空軍的機種會用地面的空軍基地來進行運用,因此對於起降方面沒有特別的要求。相較之下海軍陸戰隊要求必須跟AV-8B海獵鷹II一樣,具備短距離起飛、垂直降落、懸停飛行的機能,不過可以犧牲某種程度的作戰半徑。具體來說是用500英呎(152公尺)以下的跑道起飛,搭載各2發的1000磅(454公斤)炸彈與空對空飛彈來垂直降落的能力。另外英國空軍、海軍也考慮配備這個機型,條件是必須能在450英呎(137公尺)滑雪跳台式的航空母艦甲板上進行起飛。美國海軍重視的是著艦速度,必須能用140節(259km/h)這個對於戰鬥機來說相當低的速度來降落到航空母艦。海洋上的航空母艦處於搖晃的狀態,緩慢的速度可以讓降落更加安全、確實。另外也要求作戰半徑必須是高於空軍的1111公里。

　　對於兩家廠商應該怎麼證明自己的機體兼顧這些不同的要求,軍方並沒有下達具體性的指示。為了不妨礙到雙方技術上的獨創性,不論是什麼樣的方式,只要證明擁有足夠的能力即可。

　　因此波音與洛克希德‧馬丁分別採取不同的手法,來證明自家機體的性能,詳細內容我們稍後會再說明。波音公司完成的是CTOL型的

X-32A與STOVL型的X-32B。然後用X-32A來證明CV型必須具備的著艦速度。相較之下，洛克希德・馬丁完成的是CTOL型的X-35A與CV型的X-35C。然後在飛行測驗的途中對X-35A進行改造，成為STOVL型的X-35B來繼續進行測驗。洛克希德・馬丁以這種手法，證明了基本設計與製造上的共通性。

洛克希德・馬丁為了證明與CTOL機之間的共通性，以X-35A進行改造成的X-35B，在駕駛艙後方裝上 垂直舉升扇來進行STOVL型的飛行方式（照片內的機體）。
（照片提供：洛克希德・馬丁）

X-32的特徵

　　X-32的外觀，在近年來的戰鬥機之中屬於非常特別的類型。之中最引人注目的是位於機首下方的引擎進氣孔。F-16與歐洲戰機颱風雖然也擁有類似的構造，但正確來說是在機身下方，相較之下X-32則是名副其實的位在機首正下方。美軍過去的戰鬥機中，研發給海軍使用，在1955年3月25日由原型機進行處女飛行的Vought F8U（之後改名為F-8）十字軍也有著類似的構造，不過這個特徵並沒有被後來的任何戰鬥機所繼承。對於這種設計，當時波音公司的說明是追求戰鬥機的經濟可負擔性而產生的結果。波音公司認為若是像ATF計劃之中的YF-22與YF-23一樣太過在意機體造型，只會讓成本越來越高。

　　另外根據波音公司的說明，進氣口位於機首下方的另一個理由，是為了增加進氣孔的開口面積。波音公司主張STOVL型最大的問題，是如何讓引擎得到足夠的空氣，因此將進氣孔裝在這個位置，並且讓下方開合來解決這個問題。並讓可動部位維持簡單的構造，以避免製造成本的增加與維修上太過複雜。

　　X-32機身的整體構造，採用分割性模組的手法。這是將上述的進氣孔跟主翼、動力機關等各個部位設計成獨立的單一元件，並且統一所有類型的連結部位，讓各類型在擁有共同製造的零組件的同時，又能維持獨立的設計。

　　透過這樣的機制，波音公司預計三種不同類型的零件都可以由單一

生產線來製造。

　　X-32的主翼為大面積的三角翼，尾翼是裝在機體最後面，往外傾斜的兩片垂直穩定翼，就構造上來看水平穩定翼並不存在。後來美國海軍在運用上的需求做出變更，讓這個機體構造無法滿足其中幾個部分的要求。對此波音公司提出在量產時加裝水平穩定翼的計劃。對於概念驗證機來說，在實用機體做出這種程度的變更，純粹屬於合理範圍。

波音公司的概念驗證機屬於CTOL機的X-32A，同時證明了CV型必須具備的艦上運用能力。機首下方有著大型的進氣孔，造型相當特殊。　　　（照片提供：波音公司）

X-32B的STOVL技術

　　就如同42頁所介紹的，波音與洛克希德‧馬丁兩家公司分別採取不同的手法，來證明自己的機體具備各個類型所要求的能力。不過兩者的概念驗證機之間，另外還有一個重大的不同，那就是實現STOVL機制的推進系統。洛克希德‧馬丁讓X-35B採取可動式的引擎噴射口，加上用同一引擎的傳動軸來運作的垂直舉升扇（Lift Fan）。相較之下波音的X-32B則是採用直接舉升（Direct Lift）的方式，只靠引擎的噴射氣流來實現STOVL機能。因為沒有垂直舉升扇這個額外的裝備，機體重量較輕、系統較為精簡，對引擎造成的負擔也比較小。波音公司說明直接舉升的系統過去也由獵鷹系列採用，有足夠的成績可以讓人信賴。

　　獵鷹系列的引擎構造，簡單來說就是將後方的主要噴射口塞起來，取而代之的是位於引擎左右的4個旋轉式噴射口。轉動4個噴射口來改變氣流的方向，以得到V／STOL的機能。另一方面X-32則還是留有引擎後方的主要噴射口，並在引擎左右加裝往正下方噴射的舉升用噴口，來當做升力裝置。另外在機首與機身後方的左右也各有兩個小型噴射孔，用來控制機身的俯仰。其他則是跟X-35B相同，位於左右主翼下方用來控制翻轉動作的噴射口。

　　X-32B的主要噴射口具備二次元性的動作機制，可以上下改變方向。往下噴射時，可以用來補助STOVL的功能。其他兩種類型雖然可動範

F-35 LIGHTNING II

圍較小，但有著一樣的構造，有助於提高運動性。

　　X-32B的系統確實要比裝上垂直舉升扇更為輕量化，跟其他類型相比引擎也具有足夠的共通性。可是除了引擎的主要噴射口之外，前後總共加裝了8個額外的噴射口，整體系統無法用精簡來形容。而且引擎本身也有許多變更點存在，跟垂直舉升扇的系統相比成本較高。X-32B確實達成了STOVL應該具備的機能，但在研發費用方面，則是X-35B得到較高的評價。

X-32的2號機，具有STOVL規格的X-32B。與洛克希德‧馬丁最大的不同，是沒有使用垂直舉升扇，採用只靠引擎噴射氣流來達成STOVL的「直接舉升」系統。從照片中風景扭曲的樣子，可以看出引擎的氣流正往下方噴射。

（照片提供：波音公司）

X-32的飛行成績

　　X-32的1號機X-32A，於2000年9月18日在美國加州的棕櫚谷進行
處女飛行，是JSF計劃的概念驗證機之中第一架升空的機體。這次飛
行的主要目的是確認系統動作是否正常，升空之後發現油壓系統的液
壓油出現漏油狀況。在大多數的場合，液壓油會染上紅色等顯眼的色
彩讓人可以輕易的發現，X-32也不例外，馬上發現到機體側面出現幾
條不自然的紅線。經過隨行機的F／A-18確認之後，X-32改變原定計
劃，起飛後不到20分鐘，就降落到目的地的加州愛德華空軍基地。
這個事故並沒有造成嚴重的意外，降落之後馬上進行檢修，在9月23
日進行第二次飛行。並在2000年12月21日的飛行之中於30000英呎
（9144公尺）的高度突破1馬赫的速度，完成第一次的超音速飛行。

　　到2001年3月2日為止X-32A總共進行了66次飛行，累積50.8小時
的飛行時間。X-32A雖然是CTOL機，但也直接用來驗證海軍用的CV
型必須具備的能力。驗證作業所使用的不是真正的航空母艦，而是設
置在地面上的FCLP（地面起降訓練裝置），將重點放在著艦時的進入速
度。X-32A在使用這些裝備進行測驗時沒有發生任何問題，留下良好的
成績。波音公司自己定下的更為嚴格的預測速度，與實際上的數據只
有±0.5節（0.9km／h）的落差，測驗成果與計劃中的數據極為接近。

　　身為STOVL機的X-32B則是在2001年3月29日進行第一次的飛行，
在4架概念驗證機之中最後一架升空。不過X-35的STOVL型（X-35B）

是用X-35A改裝而成，在改裝作業的影響之下X-35B第一次飛行的時間是在2001年6月23日，因此最先進行飛行評估作業的STOVL機要屬X-35B。到2001年7月28日為止X-32B總共進行有78次的飛行，累積了43.3小時的飛行時間。X-32B在2001年4月13日的第三次飛行中檢查STOVL的各個機構，並在當天進行的第四次飛行中首次使用STOVL系統。78次的飛行中總共進行6次垂直降落，由於美國軍方沒有要求必須具備垂直起飛的機能，因此也沒有進行相關的測驗。

在飛行測驗中打開機身側面武器艙的X-32A。內部收納有AIM-120C AMRAAM。X-32A與X-32B在外觀上的不同，是加長的翼端與主翼後緣倒退的角度。

（照片提供：美國空軍）

X-35的特徵

　　洛克希德・馬丁將兩架X-35製造成CTOL型的X-35A與CV型的X-35C。經過一定時間的飛行測試之後，再將X-35A的機體改造成STOVL型的X-35B，來證明自己具備有三種型態的能力。另外，若是X-35A的改造作業不如預期，X-35C一樣具備可以改造成X-35B的設計。只是X-35C為了以減低降落於航空母艦的速度而將主翼加大，機體尺寸也與X-35A不同，改造起來會比X-35A麻煩許多。若是順利通過測試而進入量產階段，洛克希德・馬丁預定會將CTOL型與STOVL型的機體大小統一，用X-35C進行改造純粹屬於最後手段，實際上也沒有出現這個必要性。

　　X-35A的改造作業遍及各個部位。洛克希德・馬丁用可動式引擎噴射口的直接舉升，組合往下發生噴射氣流的垂直舉升扇來實現STOVL機能。因此在改裝的時候必須變更引擎噴射口、加裝垂直舉升扇，為了在垂直降落與懸停飛行的時候穩定機身的姿勢，還在左右主翼下方裝上名為Roll-Post（翻轉用噴口）的小型排氣孔。為了在幾乎沒有前進的狀態下也讓引擎得到足夠的空氣，還在垂直舉升扇的正後方加裝了開閉式的補助性進氣口。

　　如同先前所介紹的，X-35C的主翼面積從原本的42.7平方公尺增加到57.6平方公尺，約增加了30％的面積。主翼外緣的部分也跟著往外加長，翼展從10.05公尺增加到10.97公尺。而這也讓主翼的可動部位分

成內翼與外翼兩個部分，前緣的襟翼分割成內外兩片，後緣內側的部分跟X-35A／B一樣是高升力裝置，外側的部分是副翼。為了跟大型化的主翼取得平衡，各個尾翼面積也增加了10%左右。X-35C若要實際當作CV型的機體來運用，另外還得強化起降裝置、將前方腳架改成雙車輪、追加堅固的著艦用掛鉤等裝備，不過在飛行測驗中使用的是地面上的著艦用練習裝置，因此也沒有加裝這些配備，構造上與X-35A／B相同。為了降低成本，X-35的腳架直接使用格魯曼A-6闖入者艦上攻擊機的零件。

洛克希德‧馬丁製造了CTOL型的X-35A（照片內）與CV型的X-35C，之後將X-35A改造成STOLV型的X-35B來證明自己的機體具備三種類型的能力。因此X-35A的機體設計從一開始就具備有X-35B的特徵。（照片提供：洛克希德‧馬丁）

X-35的飛行成績

　　X-35的1號機，CTOL型的X-35A於2000年10月24日在美國加州棕櫚谷進行第一次的試飛。起飛後原本沒有預定要將腳架收起，不過中途判斷腳架的收放系統沒有問題，在降落之前順便測試了收放腳架的動作。另外在2000年11月21日的試飛之中首次進行超音速飛行，達到馬赫1.05的速度。到2000年11月22日為止X-35A總共試飛27次，記錄有35000英呎（10668公尺）的最大飛行高度與20度的最大攻角，最後進入改裝成為X-35B的作業。累計飛行時間為27.4小時。

　　製作成CV型的2號機X-35C，於2000年12月16日一樣是在棕櫚谷進行試飛。在2001年1月23日的第18次飛行中測試空中加油系統，在空中與美國空軍的KC-10A會合。在美軍之中，空軍的空中加油方式為飛桁（Flying Boom）式，海軍與海軍陸戰隊則是採用探管＆浮錨（Probe & Drogue）的方式。身為CV型的X-35C之所以會使用空軍規格的加油方式，是為了確保兩架X-35設計上的通用性。再加上X-35C測驗時的重點是證明自己可以用低速降落於航空母艦上。相關測驗在2000年12月22日第4次的飛行中反覆進行，整個飛行測驗期間用地面的練習裝置執行了共250次的模擬性著艦測驗（FLCP）。測驗中X-35C用低於規定值259km／h的250km／h穩定完成降落。到2001年3月10日為止X-35C總共試飛73次，累計飛行時間為58.0小時。

　　用X-35A改造而成的X-35B，從2001年2月23日開始在懸翔測試坑

（Hover Pit）這個專門用來測試垂直降落與懸停飛行的設施展開測驗。進行測試作業時，會將機體固定在坑內，轉動引擎噴射口並啟動垂直舉升扇來確認是否可以產生足夠的升力。X-35B在6月23日首次從懸翔測試坑內浮出，成為它第一次的飛行經驗。另外則是在2001年7月10日的第25次飛行中，首次進行代號名稱「任務X」的實驗。其內容是用短距離的跑道起飛之後進入超音速飛行，最後垂直降落於基地。一直到2001年8月6日為止X-35B總共進行了39次飛行，累計飛行時間21.5小時。

加大主翼跟尾翼面積的X-35C。主翼後緣內側為高升力裝置，外側則是副翼。X-35C身為海軍用的CV型，但位於機身背部的空中加油孔卻是空軍規格，這是為了降低驗證機的造價，使用跟X-35A同樣的機體設計。

（照片提供：洛克希德‧馬丁）

比較X-32與X-35

　　波音X-32與洛克希德‧馬丁的X-35，整體來看X-35的尺寸稍微大一點。X-32A的總長為13.72公尺（X-32B稍微短一點是13.33公尺），另一方面X-35的A型與C型都是15.47公尺，比X-32多了大約2公尺。高度則是X-32A／B為4.06公尺，X-35A／B為4.80公尺（X-35C為4.57公尺）一樣是X-35稍微大一點。不過兩者的翼展則幾乎相同，除了主翼面積較小的X-32B為9.14公尺之外，X-32A為10.97公尺、X-35A／B為10.05公尺、X-35C為10.97公尺，全都在10公尺以上。如同先前所介紹的，X-32A直接被用來證實低速著艦的能力，因此將主翼加大，翼展也跟著變長。至於數據與X-35C相同，純粹屬於偶然。

　　X-32與X-35機體造型上的差異並不小，其中最主要的不同，在於水平穩定翼。X-32並沒有採用水平穩定翼，取而代之的，是在主翼後方裝上單面兩截的襟副翼（Flaperon）／升降副翼，成為具有高升力裝置、副翼、升降翼等三種機能的可動翼。相較之下X-35A／B的主翼後緣為襟副翼，負責讓機體上升與翻轉，機首的俯仰則交給完全游動式的水平穩定翼來控制。若是通過測驗，波音預定會在量產型的所有類型裝上水平穩定翼，將主翼後緣的可動翼簡單化。

　　另一個不同點是空中加油系統。X-35就像先前介紹的，CV型的X-35C也是裝備空軍用的飛桁式系統。

　　而兩架X-32之中只有CTOL型的X-32A裝備有空中加油裝置，規格

為海軍的探管&浮錨式。X-32B在同樣的位置也有開孔存在，但沒有安裝內部零件。

雙方收納武裝的部位也不一樣。X-35的武器艙位於機體下方，X-32則是位於機身側面（一樣只有X-32A有裝備）。X-32B因為機體下方中央有旋轉式引擎的垂直排氣口，前方必須裝設噴射氣流濾器（Jet Screen）因此無法將武器艙配備在機身下方，另一方面又得盡可能提高三種類型設計上的共通性，因此採取武器艙位於側面的構造。

在懸翔測試坑上，從懸停飛行轉為垂直降落的X-35B。照片從機體後方拍攝，可動式的引擎噴射口完全轉到下方，對地面噴出氣流。
（照片提供：洛克希德·馬丁）

X-35的勝利

由波音 X-32 與洛克希德‧馬丁 X-35 在概念發展階段（CDP）所展開的比較性飛行審查，於 2001 年 10 月 26 日公佈結果。可以進入系統研發與實踐階段（SDD）來開發量產機型的企業為洛克希德‧馬丁，X-35 將進一步的發展成為 F-35A／B／C。對於這個結果，美國軍方並沒有公開詳細理由，不過當時的美國空軍部長詹姆斯‧羅奇在發表時說出「從強弱與計劃的風險進行考量，洛克希德‧馬丁的團隊以『無上的價值』贏得這場勝利。跟波音的團隊相比，洛克希德‧馬丁毫無疑問的是勝利者」。

另外則是美國國防部採買次長彼特‧歐德里吉對於 X-35 的測試飛行，做出「這架機體的性能符合所有預定目標，甚至更好，進入下一個階段所須要的技術已經達到成熟的基準」與「空戰能力僅次於 F-22」等評價。歐德里吉次長（當時）另外還認為在 2040 年之前，F-35 都會是世界最頂尖的攻擊機，對 X-35 做出極高的評價。

洛克希德‧馬丁公司則是在被選中的同時於新聞媒體刊登發表，對於今後的預定做出以下說明「隨著這個勝利的到來，洛克希德‧馬丁、諾斯洛普‧格魯曼、英國航太系統，將在預定支出 250 億美金的系統研發與實踐階段（SDD）中製造 22 架初期實驗機。

總金額大約 2000 億美金（按照當時的匯率大約 24 兆日圓）的這個計劃，將在未來成為美國與其同盟國防衛上的核心。在概念發展階段

（CDP）的作業中我們已經証明，這將是一架高性能、足以滿足美軍以及各個同盟運用上獨特需求的多功能戰鬥機，也是世界第一架同時具備匿蹤性與超音速飛行能力的戰術性機體。我們會用先進的製造工程來大幅降低每架機體的製造時間、零件數量、勞動成本，讓測試用的1號機在2005年首次飛行，並在2008年將第一架實用性聯合攻擊戰鬥機交到美國軍方手中」。

　　另一方面落敗的波音公司，則是由當時的會長菲爾‧康迪特做出「這對我們來說是非常遺憾的結果，我們得到非常寶貴的教訓，並已經準備好要踏出下一步」的發表感言。

跟隨行機F-16B一起，準備降落在愛德華空軍基地的X-35A。跟X-32相比整體完成度較高，量產時變更較少，讓X-35以很高的評價被選為勝利的一方。

（照片提供：洛克希德‧馬丁）

F-35的SDD作業

　　進入系統研發與實踐階段（SDD），展開更進一步作業程序的洛克希德·馬丁，跟美軍簽訂製作14架飛行測驗機與8架地面實驗機的契約。14架飛行測驗機之中5架為CTOL型的F-35A、5架為STOVL型的F-35B、4架為CV型的F-35C，地面實驗機則是每種類型2架的結構實驗機、1架用來測試著艦強度的F-35C降落實驗機、1架用來測試匿蹤性、調查雷達截面積與雷達波反射特性的「Signature Pole（標示柱）」。關於飛行測驗機，則是以必須事先確認、實驗F-35的基本特性為由，又再追加了1架。最後追加的機體跟F-35A一樣是CTOL規格，不過並不是實際反應出F-35A的性能，因此另外被賦予AA-1的代號。飛行測驗機與結構實驗機的代號，則是用機種類別（A、B、C）組合飛行實驗（F）、地面實驗（G），再加上代表製造順序的編號來進行識別。比方說A型的第一架飛行測驗機就是「AF-1」，B型的第二架地面實驗機則是「BG-2」。

　　跟追加的AA-1算在一起，SDD的飛行測驗機預定將會製造15架，不過後來計劃經過修改，讓數量減少為13架。AF-5與CF-4停止製造，讓AA-1以外的飛行測驗機數量變成是4架F-35A、5架F-35B、3架F-35C。8架地面實驗機的數量則沒有更改。

　　這些飛行測驗機我們將在62頁進行介紹。

　　SDD的作業，在公佈結果不到一個禮拜之後的2001年11月1日正式展開。當時預定的作業期間為126個月（10年半），在2012年4月完成一切計劃。可以實際展開作業之後遭遇到幾個預想不到的問題，讓作業結束的期限從2010年初延長到2015年中旬。美國國防部長羅伯特·蓋茨也在2011年1月表示，很有可能會延到2016年初。在各種障礙之中，以F-35B的問題最為深切，蓋茨部長表示「F-35A與F-35C將持續進行實驗，如果無法進行修改來解決F-35B的問題，或是作業不如預期停擺超過兩年，則會中止F-35B的研發作業」。

進入SDD作業程序的洛克希德·馬丁在一開始簽下製造14架飛行測驗機的契約，後來經過修正，減少為13架。照片中是率先完成的AA-1，在2006年12月15日首次飛行。　　　　　　　　　　　　　　　　　　　　（照片提供：洛克希德·馬丁）

F-35的變更點

　　洛克希德・馬丁在設計概念驗證機X-35的時候，就把眼光放在採用之後的量產計劃上，並以此為前提來進行設計。因此在SDD階段的量產試作機基本造型也跟X-35相同，變更點非常的少。從X-35進入F-35的主要變更如下：

◇機體前方延長5英吋（12.7公分）：加大電子儀器跟感測器的空間

◇水平穩定翼往後移動2英吋（5.1公分）：配合第一項變更來維持穩定性與操作性

◇垂直穩定翼的位置稍做修正：改善空氣動力特性

◇機體背部加高1英吋（2.5公分）：增加機身內部的燃料搭載量，油箱容量增加136公斤左右來提高續航力

◇F-35B垂直舉升扇艙門構造簡略化：將左右開合的兩道艙門改成上下開合的單一艙門，開合的構造大幅簡略化

◇F-35C主翼表面曲線弧度增加：改善操作性與穿音速（接近音速的次音速）下的性能

◇F-35C追加主翼摺疊的構造：配合航空母艦的運用空間

　　以上為研發SDD量產機的時候，洛克希德・馬丁所發表的內容。除此之外若是觀察目前發表的F-35各類型的機體尺寸，會發現與X-35又有些許的不同。這應該是因為事後又追加了細微的變更（雙方都是洛克希德・馬丁的官方數據）。之中的差異性如下：

◇翼展：X-35A／B為10.05公尺，F-35A／B為10.67公尺，

　　X-35C為10.97公尺，F-35C為13.11公尺

◇總長：X-35A／B／C為15.47公尺，F-35A／C為15.67公尺，F-35B

　　為15.61公尺

◇總高：X-35A／B為4.80公尺，F-35A／B為4.57公尺，

　　X-35C為4.57公尺，F-35C為4.72公尺

◇主翼面積：X-35A／B為42.7平方公尺，相較之下F-35A／B為42.74

　　平方公尺，X-35C為57.6平方公尺，相較之下F-35C為62.06平方公

　　尺

　　除了F-35C的翼展跟主翼面積變得相當大型之外，整體只有些微的變

化，證明X-35的基本設計非常紮實。

從X-35進化成F-35的時候，設計上只有些微的變更，修正的規模也不大。少數大
規模的修改之一是垂直舉升扇的艙門，X-35B為左右開合的兩道艙門，照片內的
F-35B則是掀開式的單一艙門。　　　　　　　　　　（照片提供：洛克希德‧馬丁）

13架飛行測驗機

如同58頁所介紹的，在SDD作業中所使用的飛行測驗機總共是13架。目前已經全機完成處女飛行。在此簡單介紹各個機體。

◇1號機（AA-1）：2006年12月15日首飛。雖然是CTOL型但並不屬於F-35A，為了確認F-35各種基本狀況所追加的測驗機。在2008年11月13日首次展開超音速飛行（馬赫1.05）。AA-1在2006年2月19日完工，並在試飛前的7月7日得到「閃電II」這個正式的暱稱

◇2號機（BF-1）：2008年6月11日首飛。F-35B的1號機，在2010年3月18日以F-35B的SDD測驗機的身份進行第一次的STOVL飛行

◇3號機（BF-2）：2009年2月25日首飛。F-35B的2號機，2010年6月10日進行了F-35B第一次的超音速飛行（馬赫1.07）

◇4號機（AF-1）：2009年11月14日首飛。F-35A的1號機

◇5號機（BF-3）：2010年2月2日首飛。F-35B的3號機

◇6號機（BF-4）：2010年4月7日首飛。F-35B的4號機，第一架搭載雷達等電子儀器的SDD測驗機

◇7號機（AF-2）：2010年4月20日首飛。F-35A的2號機，主要用來測試武器系統。在機身內部的武器艙與機外懸掛點搭載各種武裝來確認、擴展飛行領域。預定將會測試F-35A獨有的GAU-22／A 25毫米4砲身機砲，並用最高速度的馬赫1.6來試射空對空飛彈

◇8號機（CF-1）：2010年6月6日首飛。F-35C的1號機，F-35的所有

類型完成處女飛行

◇9號機（AF-3）：2010年7月6日首飛。F-35C的3號機，跟BF-4一樣搭載各種電子儀器，用在相關的研究測驗上。

◇10號機（AF-4）：2010年12月30日首飛。F-35A的4號機

◇11號機（BF-5）：2011年1月27日首飛。F-35B的5號機

◇12號機（CF-2）：2011年4月29日首飛。F-35C的2號機

◇13號機（CF-3）：2011年5月21日首飛。F-35C的3號機，SDD飛行測驗機的最後一架機體。

SDD測驗機之中第一架以量產型態製造，身為F-35B的BF-1（上）。13架測驗機之中數量最多的F-35B，最後一架5號機（BF-5）在2011年1月首飛。下方是2010年2月2日首次飛行的F-35B 3號機（BF-3）。　　（照片提供：洛克希德‧馬丁）

國際合夥人的參與

　　JSF計劃從一開始，就以外銷給美國的各個同盟國為前提來展開作業。之中又以運用獵鷹系列垂直／短距離起降（V／STOL）型戰鬥機的英國最為積極，在概念發展階段就與當時的麥克唐納‧道格拉斯公司組成聯合團隊來進行提案，該公司落選時則著手調查進入驗證作業的波音與洛克希德‧馬丁所提案機體，並且選擇與洛克希德‧馬丁聯手來參與計劃。除此之外的國家也在CDP的階段由美國提供相關情報，洛克希德‧馬丁進入系統研發與實踐階段（SDD）之後，相關作業則更進一步加速，讓同盟國可以用三個等級來參與SDD作業。最高層次的1級是百分之百的共同合夥人，2級為協助性合夥人，3級為只提供情報的合夥人，在這之下還設有安全合作成員（SCP）這個階級。各個參加國會按照參加經費與參與程度來區分，括號內為參加金額。

●1級：英國（20億美金）

●2級：義大利（10億美金）、荷蘭（8億美金）

●3級：澳大利亞（1億5000萬美金）、加拿大（1億5000萬美金）、丹麥（1億2500萬美金）、挪威（1億2500萬美金）、土耳其（1億7500萬美金）

●SCP：以色列（1億5000萬美金）、新加坡（5000萬美金）

　　包含美國與SCP在內，F-35的研發作業共有11個國家共同參與。

　　另外，參與SDD作業跟是否配備F-35是兩回事，並不是參與SDD作

業的國家，就自動具備必須購買F-35的義務。實際上因為造價高漲的
關係，丹麥開始考慮不進行購買。另一方面除了新加坡以外的7個國
家，都已經決定好基本配備數量，這些將在第5章有詳細的介紹。參與
SDD作業的各國航空企業，則是得到製造F-35零組件的契約。雖然是
與洛克希德‧馬丁所簽署的二次性契約，但就製造面來看F-35也是一
架國際性的戰鬥機。

包含美國在內，F-35的SDD作業由考慮引進的9個國家共同進行，共享測驗結果等
各種情報。另外還有兩個國家以SCP的身份參與。照片內是2005年的巴黎航空
展，模型上印有各個參與國家的國旗。　　　　　　（照片提供：洛克希德‧馬丁）

如同58頁所介紹的,當F-35展開SDD作業時,必須先有一架測試用的機體來驗證各個基本要項,因此追加了一架代號名稱AA-1的飛行測驗機。AA-1的機體形狀與F-35A一樣屬於CTOL型,但有幾個部位經過修改,因此沒有被歸類於F-35A。變更點之一是駕駛艙的設計,F-35的駕駛員預定將會戴上頭盔顯示器,因此不會配備傳統戰機的抬頭顯示器(HUD),而這架AA-1則追加有HUD。另外則是沒有安裝雷達等各種感測器,也沒有運用武器的能力。AA-1純粹只是用來測試、研發飛行特性與航行系統的測驗機。

為了驗證F-35的基本要項而製造的AA-1。雖然是CTOL機但並不屬於F-35A,純粹只是用來測試的機體。(照片提供:洛克希德・馬丁)

第3章

技術導覽

以雷達為首，F-35配備有許多走在時代尖端的電子儀
器。機體設計與噴射系統方面也有獨自的特色。在此將
詳細說明F-35機體上的各個部位。

AN ／ APG-81雷達

　　F-35的主要感測器之一，是搭載於機首內部的AN／APG-81雷達。這是由諾斯洛普‧格魯曼公司所研發的主動電子掃瞄陣列（AESA）雷達。這款多功能的AESA雷達具備該公司為F-22所研發的AN／APG-77雷達的空對空機能、雷達匿蹤性，還有F-16E／F所使用的AN／APG-80雷達的空對地機能。另外還追加有新的電戰（EW）機能，這個機能將回授給AN／APG-77雷達來進行改良。AN／APG-81雷達具備以下機能：

- ●空對空：獨立搜索、部分搜索、被動式搜索、以信號（線索）進行搜索、空戰模式、追蹤複數目標、識別空中目標、支援AMRAAM
- ●空對地：探測‧追蹤地面地圖、地面移動物體、探測地表的電磁波、空對地測距
- ●電戰：電子性攻擊、電子性防禦的能力
- ●支援導航裝置：氣象相關機能、更新導航資訊
- ●其他：自動目標排序、系統的自我診斷與測定

　　在空對空的機能之中，理所當然的具備同時探測、處理複數目標的機能，目前為止的測驗顯示，它可以在10秒內探測出進入雷達範圍內的23個飛行物體。雷達情報的格式會比過去更加容易理解，跟捕捉到的目標資訊一起顯示在駕駛艙內的大畫面上，讓駕駛員得到更加詳細的戰術情報。

　　空對地當然具備合成孔徑雷達（SAR）的機能，可以將雷達捕捉到
的地面情報以影像方式傳達給駕駛員，另外還安裝有稱為「Big SAR」
的數位縮放機能，可以將特定地區放大出來觀測，讓駕駛員以更加容
易的識別目標。AN／APG-81雷達可以連續性的捕捉、追蹤複數的地面
目標，也可以用這個機能來下達攻擊指令。除此之外還具有優異的識
別能力，可以判斷捕捉到的對象是否屬於軍事性目標，自動將非軍事
性目標排除在攻擊選項之外，大幅降低誤射的可能性。

AN／APG-81雷達用地面目標排序機能所顯示的畫面。同時捕捉地面上複數的目標
（左下），以綠色顯示在SAR圖像上（左上，以紅圈標示出）。之中不可攻擊的目標
會打上「×」（右）。　　　　　　　　　　　　　　　（照片提供：諾斯洛普・格魯曼）

何謂AESA雷達

　　近年來在戰鬥機的裝備之中已經屬於常識的主動電子掃瞄陣列（AESA）雷達。這種雷達會用大量的電子元件來構成雷達的天線面，無須用機械轉動雷達基座就可以涵蓋廣大的範圍來探測、追蹤目標。如同上個標題所介紹的，AN／APG-81繼承了F-22所使用的AN／APG-77的技術，不過F-35屬於比較小型的戰鬥機，因此裝置本身與天線的規模都變得比較小。天線的追蹤子數量也從AN／APG-77的1500～2000前後，減少到1000個左右。不過兩者研發時期相差10年左右，AN／APG-81的追蹤子與系統都使用了新一代的技術。

　　兩者間技術的進步，可以從收發（TR）模組這個接受、發送雷達訊號的裝置看出。在AESA雷達上，構成天線面的每個電子元件都裝備有自己的TR模具。在AN／APG-77的場合，各個TR模具會貼在基板上，配合電子元件的陣列方式來將基板裝上。而在AN／APG-81的場合，則是使用將兩個送訊模具與收訊模具合在一起，稱為「Twin Pack」的新型TR模具，每兩個元件裝上一個Twin Pack模具（當然擁有個別的TR功能）。技術必須進步到能將TR模具縮小到一定程度，才有辦法實現這種構造。而這也大幅提高雷達的可信度與維修性。

　　電子掃瞄陣列雷達的特徵之一，是無須機械式的轉動天線，以電腦控制各個元件的波束方向，來實現高速、廣範圍的搜索能力。

　　另外還可以瞬間切換雷達的搜索方向。主動式所代表的意思，是各

個元件裝備有獨自的TR模具，理論上可以賦予每個元件不同的工作。不過實際使用時，會某種程度的將元件分類成幾個小組來運作。這種構造讓雷達兼具多種機能，並且可以同時執行不同的工作。

　　F-35的AN／APG-81是最新式的戰鬥機雷達，因此沒有公佈詳細的性能。不過有情報指出其最大探測距離是F-22的AN／APG-77的3分之2左右。如果這個情報正確的話那將是大約170公里的距離，就雷達的探測能力來說非常充分。

AN／APG-81的天線面。由1000個以上的元件構成，並且各自擁有TR模具的AESA雷達。在美國實用性的AESA雷達中屬於最新型，用新一代的技術製造。
（照片提供：諾斯洛普‧格魯曼）

光電目標定位系統

　　F-35的另一個主要感測器位於機首下方，是洛克希德‧馬丁研發的光電目標定位系統（EOTS）。EOTS是融合紅外線感測器與雷射感測器等電子光學裝置的目標定位系統，擁有空對地的前視紅外線（FLIR）追蹤裝置與空對空的紅外線搜索追蹤（IRST）模式，戰術用視力無害二極體雷射的定點追蹤，被動式與主動式雷射測距，精確攻擊兵器用的高精準坐標測定等機能，涵蓋範圍兼顧空對空與空對地。另外有複數感測器的視野具備數位縮放機能，用來把握地面目標的詳細情報，或是評估攻擊所造成的損害。在最尖端的光學影像處理技術之下，當然可以用高畫質來得到廣範圍的地面影像，再怎麼擴大也幾乎不會劣化。這個裝置的具體規格尚未對外公佈，根據洛克希德‧馬丁的說明，最大探測距離跟AN／APG-81雷達幾乎相同。

　　EOTS的特徵之一，是整個系統的尺寸極為袖珍，寬49.3公分、長81.5公分、高69.9公分，重量也只有88公斤、體積0.113立方公尺，不會占用機體內部太大的空間，可以完全收納在機首下方。裝置上感測器開孔只位於下方，其他則是透過7片透明玻璃組成的流線外殼來捕捉目標。開孔雖然只位於下方，但裝置內部具有可以高速轉動的反射鏡，再加上裝置本身位於可以上下左右轉動的環架（Gimbal）上，因此可以讓感測器轉向包含機體上方的正面所有方向。

　　這個環架還使用了低慣性裝置，就算高速旋轉也擁有極高的穩定

性。流線性外殼使用玻璃材質，而且緊緊貼在機首下方將凸出減到最小，無損機體本身的高匿蹤性。EOTS是不會主動發出電波的被動式裝置，因此不會受到妨礙，也沒有被敵方反探測的風險。組合ETOS與雷達，F-35在各種不同的戰鬥環境之下都能發揮最佳的性能。

裝備在F-35機首下方的電子光學感測器EOTS。收納在玻璃製的流線型外殼內，並且緊緊貼在機首下方，不會影響到機體的匿蹤性。　　　　（照片：青木謙知）

AN／AAQ-37
電子光學分配開口系統

　　F-35第3重要的感測器，是諾斯洛普‧格魯曼研發的AN／AAQ-37電子光學分配開口系統（EO DAS）。EO DAS的感測裝置使用紅外線，分別安裝在機體的6個部位，每一處有玻璃覆蓋的小孔存在，以此來探測紅外線的狀況。各個感測器的探測範圍是90度，將6個感測器有效分配在機身各處，並以數位方式進行整合，可以得到機體周圍360度的監視範圍。

　　EO DAS的主要機能，是探測、追蹤飛彈、找出飛彈發射的位置、紅外線的搜索與追蹤系統，以及目標定位、武器支援、24小時導航等等。探測飛彈與其發射位置的機能、迅速找出地對空飛彈的發射地點、預測敵方航空器的位置、飛彈定位系統等等，這些能力除了讓F-35可以事先得知威脅來選擇必要的防禦措施，也可以轉守為攻，對地面的飛彈陣地展開迅速又精準的攻擊。空對空方面的特徵，則是具備狀況辨別型的IRST跟目標定位機能，用上述的全周探測範圍來捕捉各種航空器，就算與敵人進行纏鬥也能維持原本的性能。F-35就算在纏鬥時以激烈的操控飛行，EO DAS也能持續追蹤目標，不讓敵人逃脫。若是使用傳統的識別裝置，在這種場合有可能會跟丟敵人。而就駕駛員來看，飛行狀況越是激烈，就越容易對目標產生混亂，此時若是用EO DAS來緊緊鎖定目標，就算駕駛員失去敵人的蹤影，也能正確認清楚狀況。這個機能另外也能避免空中纏鬥有可能發生的機體擦撞。

　　EO DAS的另一個特徵，是日夜都可以進行導航的影像機能。這個模式不論白天還是晚上，都能為駕駛員提供清楚的影像。而且這個影像會直接顯示在駕駛員的頭盔顯示器上，讓駕駛員進行夜間作戰任務時不必使用那又重又大，還會限制視野的夜式鏡。也不用像傳統戰機的駕駛艙那樣，隨著夜視鏡來變更照明。

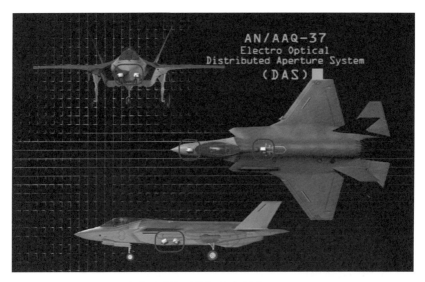

AN／AAQ-37 EO DAS的感測器裝在機體6個部位上，足以涵蓋整個機體周圍。上圖紅色的方框是感測器的位置。右圖為EO DAS的感測器。
（照片提供：兩張都來自諾斯洛普‧格魯曼）

感測器統合技術

　　F-35除了前幾個章節所介紹的雷達、EOTS、EO DAS以外，還裝備有雷達警戒裝置等複數的感測器。F-35所具備的感測器統合技術會將這些煩雜的情報整合起來，用單一窗口的方式來呈現給駕駛員。

　　戰鬥機並不是到最近幾年，才開始裝備多元化的感測器。雷達在1950年代中期成為常識性的裝備，接著又研發出捕捉雷達電波來發出警報的雷達警戒器。一直到最近幾年新一代的戰鬥機登場之前，這些感測器都是獨立運作，偵測到的情報也是分別交到駕駛員手中。雷達有雷達專用的顯示畫面，雷達探測機也必須要有自己的顯示裝置。而紅外線等光學感測器所捕捉到的影像情報，當然也得用各別的顯示裝置來呈現。這讓駕駛員必須從好幾個不同的銀幕上讀取各個感測器偵測到的結果，在自己腦中分析、整合，來判斷目前的狀況與下一步應該採取的行動。

　　隨著數位技術與顯示裝置的進步，研發團隊已經可以用電腦將各種感測器的情報一元化來呈現到顯示器上。讓駕駛員只要看單一畫面就能得知戰鬥狀況與作戰進度，迅速得知自己應該鎖定的目標。

　　而感測器所捕捉到的情報與資訊同步裝置所帶來的其他訊息之中，其實參雜有目前並不需要知道的資料。感測器統合技術可以盡可能的排除這些優先順位較低的情報，將狀況分級排列，告訴駕駛員各種威脅的優先順序。呈現情報的時候也會使用容易讀取的規格，避免駕

駛員誤判。感測器統合技術目前也不斷的在進步，身為最新戰鬥機的
F-35在這方面當然也是走在時代尖端，妥當運用這個技術來更進一步
提高機體戰鬥能力與存活性。

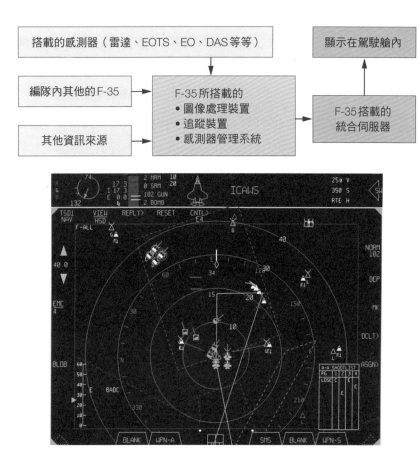

不只是自身掌握到的情報，F-35的感測器統合技術還能同時處理編隊內外所傳來的
各種資訊，整理成單一畫面來呈現給駕駛員。照片是戰術狀況的顯示範例。

（照片提供：洛克希德・馬丁）

駕駛艙的特徵

　　F-35最能給人「新世代戰鬥機」印象的部分，是那採用全新概念的駕駛艙。目前飛機駕駛艙的主流，是採用銀幕式多功能顯示裝置的玻璃駕駛艙（Glass Cockpit）。但F-35則往前邁進一個時代，用單一的大型顯示器來當作儀表板，切換這個畫面的視窗來顯示多元化的情報。

　　這個大型顯示器的尺寸為寬50.8公分 × 高22.9公分，在中央分割成左右兩邊，構成兩個寬25.4公分的畫面。上方2.5公分的部分固定為長條形的畫面，當作燃料等各種基礎資訊的子系統監視裝置。中央的大型畫面則可以讓駕駛員自由分割。可以分割的視窗有統一性的規格，最大為高20.3公分 × 寬25.4公分，也就是整個銀幕的一半，用來顯示戰術狀況。下一個尺寸則是再分割成一半的高20.3公分 × 寬12.7公分，除了顯示戰術狀況與感測器情報之外，還能依照當下的需求來顯示各種系統的狀況。要是將這個視窗縮小成12.7公分的正方形，就能在下方追加兩個5.4公分 ×6.4公分的小畫面，用來顯示系統情報、飛行狀況、武器狀況等情報。整個銀幕具有觸控機能，只要觸摸畫面就可以切換視窗尺寸與顯示內容，或是從特定畫面叫出更為詳細的情報。

　　F-35駕駛艙的另一個特徵，是沒有裝備抬頭顯示器（HUD）。F-35的駕駛員會戴上具有顯示裝置的頭盔，將HUD的情報投射在護目鏡上。HUD可以讓駕駛員不用將視線移到主要儀表板，特別是在戰鬥的時候HUD會顯示瞄準敵機的情報，讓駕駛員可以不用低頭在儀表板與敵機

之間來回，專心進行戰鬥，可是HUD固定在儀表板上方，所以仍必須看向正前方才能得知顯示內容，而F-35用頭盔顯示器（HMD）解決這個問題，讓駕駛員不管面對哪個方向，都能得到跟HUD相同的情報。

F-35用單一的大型顯示器來當作儀表板，下方是儀表板與頭盔顯示器的調整用面板、備用儀表板、主要武裝按鈕。沒有HUD也是這個駕駛艙的特色之一。

（照片提供：洛克希德・馬丁）

儀表板的顯示範例

　　F-35用來當作儀表板的大型顯示器，可以讓駕駛員自由選擇顯示內容與視窗大小。在駕駛戰鬥機時，情報的優先順序與駕駛員的需求，會隨著飛行與作戰的狀況而改變。F-35的儀表板讓駕駛員可以自由選出重要的情報，來常駐在畫面上。因此顯示規格與內容因人而異。在此將用兩個實際展示範例，來說明可以用什麼樣的方式顯示哪些情報（上方照片省略子系統監視裝置）。

　　右頁上方照片是F-35B的顯示裝置，這架機體處於起降飛行等非作戰性的狀態。最左邊的上方是引擎的綜合情報，推力、轉數、排氣溫度，中央是用數據來顯示油壓系統的情報。下方的小畫面，左邊是燃料，右邊是飛行操縱裝置的狀態。中央左側是武器系統的狀況，因為沒有搭載武裝，所以此處上下兩個畫面也都顯示為空白，另外也會表示武器艙的開閉狀態。中央右方是燃料，這個視窗會具體顯示各個油箱的狀況。在這下面的左邊為故障情報（空白代表正常），右邊是引擎的情報。最右邊是STOVL系統（垂直舉升扇等）的運作狀況。下方左邊的小畫面為機體診斷裝置，右邊則是用來顯示警告訊息。

　　下方照片，是F-35A將感測器啟動時的儀表板，最左邊為各個油箱的燃料狀況。

　　中央兩個畫面是統合雷達等各個感測器的情報所顯示的畫面。右邊為廣域的資訊，左邊是將右上45度的範圍擴大。綠色的飛機符號是友

軍機體，紅色三角形圍起來的部分是具有威脅性的地面目標。最右邊
的畫面，上方是光學感測器的影像情報，紅色三角形為攻擊目標。下
方兩個畫面是武器情報，左邊為空對地武裝，右邊為空對空武裝。此
處顯示空對地兵器的4號懸掛點（左邊武器艙內）所搭載的GBU-31
2000磅（907公斤）JDAM處於可以投射的狀態。

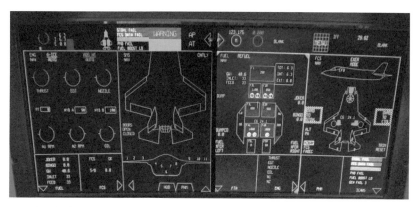

F-35主要銀幕的顯示範例。上方為F-35B在地面上的時候，下方為包含感測器在內
的F-35A。下方照片另外用黃線來框出子系統監視裝置的部分。

（照片提供：兩張都來自洛克希德‧馬丁）

頭盔顯示裝置

　　日新月異的電子光學技術，成功的縮小投影裝置的體積與重量，成功的將顯示器直接裝在駕駛員的頭盔上。這種裝置稱為頭盔顯示器（HMD／Helmet Mounted Display），許多新一代的戰機都可以使用這種附帶HMD的頭盔。而就像79頁所介紹的，F-35的駕駛艙內沒有配備抬頭顯示器，因此會把HMD當成基本配備。F-35所使用的裝置是由以色列Elbit公司的相關企業，位於加州的視覺系統國際公司（VSI）進行研發。

　　HMD所顯示的情報會以基本的飛行資訊為主，不過也可以追加武器的瞄準機能。在可見射程（WVR）用空對空飛彈來進行戰鬥時，駕駛員若是轉頭看向斜後方的敵機，並用HMD來進行鎖定，情報就會傳達給WVR空對空飛彈，讓飛彈往前方發射之後掉頭往駕駛員看的方向飛去，並用自己的感測器（一般為紅外線追蹤器）來鎖定目標。這是傳統WVR飛彈所沒有的攻擊能力，稱為偏離軸線瞄準（Off Boresight）系統，得用HMD組合裝備有新型紅外線追蹤裝置的飛彈才有辦法實現。這種瞄準裝置被稱為象徵符號嵌入式頭盔系統（HMSS）或是頭盔瞄準系統（HMCS），身為最新型的戰鬥機，F-35當然也有採用。

　　頭窺顯示裝置最大的問題，在於它的重量。考慮到駕駛員的負擔，它必須越輕越好。假設其重量為4公斤，光是戴上就會對頸部造成相當的負擔，不過勉強還算可以忍受的範圍。可是戰鬥機展開作戰行動

時，最大會產生9G的負荷，讓裝置的重量達到36公斤。這不但是極大的負擔，還有可能會讓駕駛員受傷。VSI公司為F-35研發的HMD，成功將重量減少到2公斤以下。而且像74頁所介紹的，F-35的HMD可以顯示EO DAS的紅外線影像。駕駛員不用再裝備專用的夜視鏡，不管哪一種任務只要攜帶這頂頭盔即可。

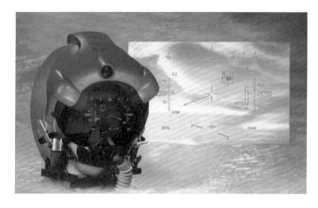

VSI公司研發給F-35的頭盔顯示裝置。各種情報會顯示在護目鏡上，上方為飛行資訊與瞄準，下方為紅外線感測器的影像圖。（照片提供：VSI）

操縱桿與節流閥

　　F-35的操縱桿與節流閥的位置跟傳統戰鬥機相同，操縱桿位於右邊側面的控制台，節流閥位於左邊的控制台上。兩者都有許多按鈕跟開關，採用手不離桿控制（HOTAS）的概念，這點也跟傳統戰鬥機相同。

　　操縱桿位於側面，這跟F-16還有F-22相同，不過F-16與F-22的操縱桿是不會移動的感壓式，完全靠駕駛員施加力道的方向與強弱來進行控制。F-35則是可以自由的往各個方向推動，可動範圍大約4公分左右。飛控電腦會偵測操縱桿移動的速度、距離、力道，來判斷駕駛員的用意。

　　節流閥可以移動的範圍則是前後22.9公分，是途中完全沒有分段的自由調節式。駕駛員可以從儀表板上方最左邊的引擎狀況，來得知引擎推力等相關情報。這個儀表組合圓盤跟數字，圓盤內的指針顯示引擎功率，左下2位數的數字（百分比）顯示推力。若是啟動後燃器，整個圓形會被黑色與黃色的斜線包圍，以視覺的方式告知駕駛員後燃器正處於啟動狀態。

　　F-35B若是選擇STOVL模式，則按照節流閥的動作與飛行狀態，自動啟動軸承旋轉式的噴射口與垂直舉升扇、翻轉噴口用來進入STOVL飛行模式。

　　一樣是STOVL機的現行機種AV-8B海獵鷹II，在節流閥內側有著專門用來控制旋轉式噴射口的手把，這種構造讓駕駛員得用單手來控制

兩跟手把。F-35B則是讓控制系統簡略化，而且跟其他兩種F-35的駕駛
艙也有著極高的共通性。F-35B會盡可能的排除與其他機種在操作上的
差異，就算進入懸停飛行、垂直降落的狀態，機首俯仰還是用操縱桿
的前後，翻轉一樣是用操縱桿的左右，擺動機首則是用方向舵踏板，
這些都與一般飛機沒有不同。前進、後退、橫行，則是用操縱桿來組
合節流閥。

位於左側控制板的節流閥（左）跟位於右側控制板的操縱桿（右）。節流閥可以前
後移動，操縱桿則是可以往所有方向推動。雙方都有許多按鈕存在，具備HOTAS
機能。照片來自飛行訓練器。　　　　　　　　　（照片提供：兩張都來自洛克希德‧馬丁）

彈射座椅跟機艙罩

　　F-35的駕駛員，將會坐在英國馬丁貝克公司所研發的Mk16E彈射座椅外銷美國版本的US16E。這個彈射座椅是F-35A／B／C三種類型共通的裝備，可以對應的駕駛員體重為47公斤到111公斤，實際運用時不論是男性還是女性使用上都不會有問題。駕駛員啟動彈射程序之後，機艙罩的小型粉碎鎖會在機艙罩上面打出裂痕，彈射座椅啟動火箭噴射器，用座位上端的擊破裝置打碎機艙罩，讓整個座椅連同駕駛員一起彈射出去。當座椅在空中進入穩定狀態之後，就會與駕駛員分離，並打開降落傘。據說從啟動到打開降落傘只需要2秒的時間，就算是在高度0公尺、時速0公里的狀態也可以進行彈射。讓駕駛員回到地面的降落傘，據說可以讓速度減低到每小時24公里。F-16等一部分的戰鬥機會讓椅背大幅傾斜，來提高駕駛員的抗G力，F-35則是跟F-22相同，傾斜幅度不大。

　　覆蓋駕駛艙的機艙罩，內部雖然有金屬框架存在，但跟F-22一樣是擋風玻璃一體成型。並且用黃金等材質進行包覆，阻礙雷達電波進入駕駛艙內，或是抑制電波造成反射。與F-22不同的是開合方式，F-35的合頁位於機艙罩框架的前方中央，打開時會從後方掀起。

　　洛克希德‧馬丁認為這種方式有三大好處。第一是修理、交換彈射座椅時，可以更容易進入座椅後方的機械室，提高維修時的方便性。第二則是縮小機艙罩與機體之間的縫隙，來維持匿蹤性。第三則是讓

三種機體的機艙罩統一，STOVL型的F-35B在駕駛艙後方裝有垂直舉升扇，如果合頁位於後方的話，則必須變更設計，構造也會變得較為複雜。採用前開式則不會有這些問題。

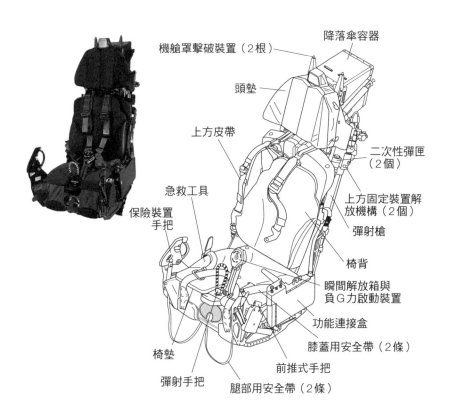

機艙罩擊破裝置（2根）
降落傘容器
頭墊
上方皮帶
二次性彈匣（2個）
上方固定裝置解放機構（2個）
彈射槍
椅背
瞬間解放箱與負G力啟動裝置
功能連接盒
膝蓋用安全帶（2條）
前推式手把
腿部用安全帶（2條）
急救工具
保險裝置手把
椅墊
彈射手把

F-35所使用的US16E
彈射座椅與其構造
（照片提供：馬丁貝克）

飛控裝置

　　F-35的飛控裝置，是由數位電腦完全掌控的線控驅動（Power-By-Wire）系統。這基本上跟今日各種戰鬥機、客機所使用的線控飛行（Fly-By-Wire）系統相同，不同點在於舵翼的運作方式。

　　線控飛行系統會將駕駛員對操縱桿與方向舵踏板做出的操作轉換成電子訊號，讓電腦斟酌當時飛行的狀況與周圍大氣的情報，下達最佳的操作訊號來讓制動器運作。不過制動器本身使用的是液壓系統，因此前提是飛機具備良好的液壓系統。

　　相較之下線控驅動系統則是將液壓置換成電力，用電子訊號來讓制動器運作。在這個場合若是電子系統發生故障，所有操作將會失靈，因此電子制動器內部另外還裝有獨立的電動液壓系統，讓制動器本身不論是電還是油都可以運作。這種裝置稱為電子液壓制動器（EHA），F-35除了主翼前緣的襟翼之外，全都採用EHA。F-35的主要飛行控制翼，是由襟副翼、完全游動式的水平穩定翼、垂直穩定翼後方的方向舵來構成，之中只有方向舵採用單系統的簡易EHA，襟副翼跟水平穩定翼都是使用稱為Dual Tandem的雙重系統EHA。

　　F-35C則是在主翼外緣加裝有獨立的補助翼，這個補助翼也是使用單系統的EHA。先前提到的主翼前緣的襟翼，則是用電子系統來運作。

　　線控驅動系統最大的好處，是不用裝備又重又佔空間的液壓系統。另外也不用維修液壓系統相關的裝置，降低維修成本。不過這並不代

表F-35完全沒有裝備液壓系統，武器艙的開關跟降落腳架的收放，以及F-35A機關砲的驅動系統都還是使用液壓裝置。液壓系統使所用的驅動液壓力為27.58百萬帕斯卡，與F-22的液壓系統相同。

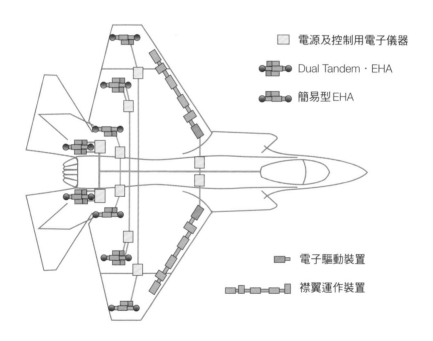

電源及控制用電子儀器

Dual Tandem・EHA

簡易型EHA

電子驅動裝置

襟翼運作裝置

F-35的飛控裝置構成圖。除了前緣襟翼之外，所有操縱翼面都是由EHA來運作。這種系統稱為線控驅動（Power-By-Wire）（圖內為F-35C）。

主翼

　　F-35主翼的平面造型與F-22相同，是前緣往後傾斜（以機體中心線為基準）的後退角，跟後緣稍微往前傾斜的前進角（與後退角相反，往前方傾斜）。不過F-22在翼端有著微微改變角度的導角設計，F-35則是單純的直線。主翼前緣的後退角大約33度，跟F-22的42度相比沒有那麼傾斜，這是因為F-35不須要像F-22一樣具備高速飛行能力。後緣的前進角則大約14度，比F-22的17度相比稍微淺了一些。

　　主翼後緣有襟副翼（Flaperon）存在，這個構造同時具備副翼的翻轉機能，跟襟翼在低速時增加升力的功用。CV型的F-35C將主翼外緣加長，因為摺疊機能的關係內側後緣為襟副翼，外側後緣為副翼。整個前緣幾乎都是襟翼，跟後緣的襟副翼組合使用，可以得到更高的升力。前緣襟翼另外在高空作戰時也能發揮效果，讓F-35可以進行會讓其他戰機失速的高機動飛行，因此也被稱為空戰襟翼。前緣襟翼的詳細資料並沒有對外公開，推測有可能跟F-22一樣可以往上翻轉，避免進入失速的狀態。F-35A／B的前緣襟翼是單片的構造，F-35C則跟後緣一樣從摺疊部位來分成兩截。

　　F-35C將主翼面積加大，是為了減低降落在航空母艦上的速度，這也讓它的主翼面積增加到62.06平方公尺，比其他兩機種的42.74平方公尺多出三分之一左右。

　　機身與主翼連接的位置在進氣口上方，這個位置稱為肩翼式構造。

只是身為單引擎的戰鬥機，F-35的發動機較為大型，為了容納這個引擎機身也從中央往後隆起。這個部位與主翼之間以緩和的曲線相連，形成機身與主翼一體成型的翼胴融合（Blended Wing Body）構造。

F-35B（左）與F-35C（右）的俯視圖。看得出主翼的後退角相同，但F-35C的主翼面積較大。雖然沒有主翼這麼明顯，但水平穩定翼跟垂直穩定翼也是F-35C較為大型。 （照片提供：兩張都來自洛克希德‧馬丁）

尾翼

　　F-35的尾翼跟F-22相同，用完全游動式的水平穩定翼來組合往外傾斜的垂直穩定翼。而在垂直穩定翼後方有著讓機首左右擺動的方向舵。戰鬥機提高匿蹤性的重要手法之一，是盡可能統一機體各個部位的傾斜角，因此水平穩定翼的前緣後退角跟後緣前進角，跟主翼一樣大約是33度跟14度。垂直穩定翼的前緣後退角是更為傾斜的42度，F-22的垂直穩定翼後緣跟前緣一樣是前進角，但在F-35的場合，後緣跟一般戰鬥機一樣是後退角。這些差異主要是由機體大小造成，F-35採取這種設計是為了得到充分的穩定性，確保方向舵能夠發揮充分的效果。在初期設計中F-35垂直穩定翼的傾斜角度為25度，後來變更成19度左右。

　　游動式水平穩定翼的形狀跟主翼相同。不過裝設的位置盡可能往後延伸，內側幾乎有一半的長度超出機體後方。這是為了讓水平穩定翼盡可能離開機體重心，以最小的面積來得到最佳的操縱效率。水平穩定翼基本上會左右一起轉動來控制機首俯仰，左右往反方向轉動的話則可以在翻轉時協助主翼後方的襟副翼。垂直穩定翼後緣的方向舵，如同上述說明可以讓機首左右擺動，另外也可以分別朝相反方向轉動來增加空氣阻力，當作空氣減速（Air Break）裝置來使用。

　　就如同主翼的標題內（90頁）所介紹的，CV型的F-35C擁有較大的主翼面積，因此尾翼的尺寸也跟著增加。雖然沒有公佈實際數據，但

水平穩定翼也從F-35A／B的7.29公尺，增加到8.64公尺。垂直穩定翼一樣往上延長，讓總高度從F-35A／B的4.57公尺增加到4.72公尺。另外有情報指出STOVL型的F-35B為了降低機體重量，將垂直穩定翼上方切短一截，不過在洛克希德‧馬丁的官方數字上F-35A與F-35B的高度完全相同。

AA-1的垂直穩定翼跟水平穩定翼。垂直穩定翼的前緣跟後緣都採用後退角，後緣方向舵的面積也較小。游動式水平穩定翼超出機身後部。（照片提供：洛克希德‧馬丁）

降落・制動裝置

　　F-35的降落裝置跟一般戰鬥機相同，由左右主翼根部的主腳架，以及機首下方的前腳架構成。各個腳架收納時都是往前提起，前腳架收納於機首內部，主腳架收納於機身側面的專用收納艙。為了確保匿蹤性，各個腳架艙門的前緣跟後緣是以一定角度微微彎曲的波浪形。F-35A與F-35B的三個腳架都是單一輪胎，只有F-35C的前腳架採用雙輪胎式。這是因為在航空母艦上進行起飛時，必須將前腳架固定在彈射器上，讓彈射器的固定棒夾在兩個輪胎之間，是現代美國海軍艦載機的必要裝備。另外F-35C為了承受降落在航空母艦時所產生的強烈衝擊，三個腳架的構造都比F-35A／B還要牢固。收放腳架時，會使用駕駛艙正面左邊的手把。制動器採用液壓系統，若是液壓系統故障，駕駛員可以用手把下方的按鈕來解除腳架的固定裝置，讓腳架以自己的重量下降到正常位置之後自動固定，來完成降落程序。

　　F-35A與F-35C在機體後面的正下方，裝備有制動用的掛鉤。F-35A若是在降落時煞車失靈，可以用這個掛鉤來鉤住跑道上的緊急制動纜繩，進行強制煞車。而在航空母艦上進行運用的F-35C，則是固定用這個掛鉤來進行煞車。航空母艦甲板上會有4條降落用纜繩，只要鉤住其中一條就可以讓機體停下來。

　　為了用比一般機場跑道更短的距離讓機體停下來，降落用纜繩的拉扯力道會超出一般標準，為了承受這個力道，F-35C的掛鉤比F-35A

還要來得強韌。而不論是哪種類型，掛鉤都用外殼包覆隱藏在機體下方，以避免產生不必要的凹凸。只要按下腳架手把上的按鈕，就可以將掛鉤放下。

　　F-35B的引擎噴射口為旋轉式，為了讓它可以轉到下方進行噴射，機體後方裝備有可以左右開啟的艙門。這個構造讓F-35B失去裝備掛鉤的空間，但F-35B基本上會使用垂直降落，因此也不須要這項裝備。

左邊為AA-1的主腳架。往前方提起，收納在主翼根部。右邊為F-35C的前腳架，三種類型之中只有F-35C採用雙輪胎，與用來連結彈射器的支柱。

（照片提供：兩張都來自洛克希德‧馬丁）

引擎進氣口

F-35的引擎進氣口，跟F-22一樣位於機身中央的左右，不過F-35跟F-22不同，屬於單引擎機，空氣流入引擎的通道為Y字型。因此無法直接從進氣口直接看到引擎正面的扇葉，這有助於降低引擎反射的雷達電波。美軍沒有要求F-35必須具備馬赫2.5以上的高速飛行能力，所以進器口也採用固定式。這雖然跟最高速度馬赫2.25的F-22相同，但F-22等許多高速戰鬥機那進氣口與機體之間小小的縫隙，F-35並沒有設置。戰鬥機進入超音速飛行時會產生衝擊波，若是這股氣流被引擎吸入，很有可能會讓引擎熄火。裝設這個縫隙讓邊界層的氣流偏向，可以將穩定的空氣提供給引擎。

F-35進行高速飛行時當然也會產生衝擊波，而F-35所採取的策略，是在進氣口的部位讓機身一方鼓起，以此來控制進入機身的氣流，避免引擎受到衝擊波的影響。這種構造沒有擴散氣流的機制（Diverter），因此被稱為無邊境層隔道超音速進氣道（DSI）。是活用先進的計算流體動力學（CFD）才有辦法實現的裝置。洛克希德·馬丁先用F-16來將進氣口改造成DSI設計，並於1996年12月11日試飛。經過12次包含使用後燃器的飛行測驗之後，發現DSI完全無損F-16本來的飛行能力，才決定讓JSF計劃採用這個構造。

DSI在造型設計上有著極高的難度，但也有許多優勢存在。其中之一是進氣口本身的構造極為精簡，整體零件數量大約只有300項，除了

降低製造成本之外，也能減少維修上的麻煩。另外則是去除這道隙縫
（F-16在進氣口與機體之間有8.4公分的間隔），可以維持機體緩和的曲
線，提高匿蹤性。唯一的問題是這種構造並不適合速度超過馬赫2的高
速機種，不過F-35的最大速度為馬赫1.6前後，因此使用DSI不會有任
何問題。

F-35的進氣口為固定式，與機體之間
沒有任何間隔的DSI設計，從正面完
全看不到內部引擎。左邊照片是改造
成DSI設計的F-16測試機。
（照片提供：兩張都來自洛克希德·
馬丁）

F135引擎

　　目前F-35所裝備的引擎，是普惠公司所研發的附帶有後燃器的F135渦輪扇葉引擎。這具引擎是以該公司為F-22所研發的F119為基準，當初的代號為JSF119，後來在SDD作業中變更為F135。F135的尺寸是總高5.59公尺，最大直徑1.3公尺，扇葉直徑比F119多出7.6公分。內部組成是低壓壓縮機的扇葉3段，高壓壓縮機6段，與環式（Annular）燃燒室。緊接在這之後的渦輪是高壓1段與低壓2段。F-35的各個類型所使用的引擎構造相同，不過代號名稱並不一樣，F-35A所使用的是F135-PW-100，F-35B所使用的是F135-PW-600，F-35C所使用的是F135-PW-400。F135-PW-100與F135-PW-400的差異，基本上只有燃料的種類（海軍使用燃點較高的噴射引擎燃料），而F135-PW600為STOVL專用，因此另外還有幾處不同點，這將在下個標題進行介紹。

　　據了解，這具引擎點燃後燃器時的最大推力是40000lb（178千牛頓），不使用後燃器的乾燥推力為25000lb（111千牛頓）。使用後燃器的最大推力比F-22所裝備的F119高出大約14％，乾燥推力只比同公司為F-16C／D所研發的F100-PW-229使用後燃器時少13％強，性能等級極為優異。為了裝進F-35小型的機身，又同時實現高效率，F135引擎採用了幾個新技術。

　　例如它的高壓壓縮機，是用單一零件來製造扇葉跟渦輪盤，成為所謂的轉子與葉片一體成型構造（IBR），每段壓縮機也各自用單一零件

製造，配上新設計的扇葉來提高壓縮效率。

　F135的SDD作業時間表為2002年5月進行初期設計審查，2003年5月通過詳細設計審查，2003年開始製造測試用引擎。引擎進行地面測試的時間，CTOL／CV型2003年10月，STOVL型2004年4月，三種類型都在2005年3月通過運轉測試後的詳細設計審查。有別於F-35的SDD測試機所裝備的引擎，另外還製造有11具用來進行地面測試。

F-35A所使用的F135-PW-100引擎在室內測試場進行後燃器最大推力測驗。由於是單引擎機，乾燥推力與後燃器推力都高出F-22的F119引擎。（照片提供：普惠公司）

F-35B的STOVL
推進系統（1）

　　如同前一標題所介紹的，STOVL型的F-35B所裝備的引擎代號為F135-PW-600，與其他機種有幾個不同點。之中最大的差異在於噴射口，三轉軸的活動機構讓它可以轉向正下方，來改變引擎推力的方向。而加裝這個旋轉式噴射口，讓加力（Augmentor／後燃器）排氣噴嘴的構造也產生變化。再加上從引擎核心拉出兩條控制用的導管，通往主翼外側下方的翻轉用噴口，來從引擎將氣流抽出，在懸停飛行與垂直降落時控制機體的翻轉。引擎本身的最大推力跟其他兩種類型相同，不過在轉動噴射口進行STOVL飛行時無法啟動後燃器，最大乾燥推力也被限制在80千牛頓。

　　F135-PW-400引擎所使用的材料，也跟另外兩種類型不同。在風扇通道等外殼部位，使用了陶瓷複合材料（CMC）。這麼做是為了降低引擎本身的重量，來配合F-35B減低機體重量的需求。當然，F-35A／C若是使用這款引擎，也同樣可以得到減低重量的優勢，可是CMC是成本極為昂貴的材料，就價格效能比的觀點來看F-35A／C採用這款引擎的好處不多，一般鈦金屬材料就已經足夠，因此只有F-35B的引擎採用CMC材質。

　　如同上一標題所介紹的，不管是哪個類型的F135，都有著兩截低壓渦輪。根據普惠公司的發言，F-35A／C的引擎其實跟高壓渦輪一樣只要有一截即可，但F-35B則非得有兩截才行，將兩者分開來設計、製

造，會增加成本的負擔，因此將所有類型統一成兩截的構造。而這也讓F-35A／C的低壓渦輪產生非常大的餘白。

　　F135-PW400另外還會用引擎軸來驅動垂直舉升扇，這個只屬於F-35B的獨特構造，將在下個標題進行介紹。

將旋轉式噴口轉到下方來進行懸停飛行的F-35B。機身上方有垂直舉升扇的進氣口，在那後方是補助性進氣口，前腳架後方是垂直舉升扇的空氣噴射口，照片將武器艙、翻轉用噴口的艙門全數打開。　　　　　　　　（照片提供：洛克希德‧馬丁）

F-35B的STOVL 推進系統（2）

F-35B除了旋轉式噴射口之外，還在駕駛艙正後方加裝垂直舉升扇來往下噴射，以此來達成STOVL的機能。這個垂直舉升扇採兩段式構造，活用引擎的轉軸，透過齒輪來轉動。由於只有STOVL飛行時才會用到，因此裝上離合器，只有在啟動離合器的時候才會轉動風扇。垂直舉升扇的位置與地面成水平，且位置固定，因此氣流只會往下噴射。風扇下方有可以變更面積的噴射口，以此來調整氣流強度。機體背部則是有開閉式的艙門，當風扇啟動時會將艙門打開，來提供噴射氣流所須要的空氣。這個機制在X-35的時候是左右開啟的兩道艙門，進化成F-35的時候改成合頁位於後方的單一艙門。這個處置是為了讓構造簡單化，並降低機體重量。舉升扇艙門後方，有分成左右兩邊的補助性進氣口，會在啟動垂直舉升扇的同時打開。

裝備專用的垂直舉升扇，等於是搭載只有特定場合才會使用的裝備，有增加機體重量的缺點。另一方面用後方的旋轉式噴射口往下噴射的時候，位於前方的垂直舉升扇可以同時運作，輕易的讓機體得到平衡。另外則是舉升扇所噴射的氣流為低溫，會遮住後方引擎的排氣，避免引擎吸入熱空氣導致運轉效率降低。

比較兩者的優缺點，洛克希德‧馬丁決定採用垂直舉升扇的構造。進入STOVL飛行時，引擎的最大推力就如同前一標題所記述的，是80千牛頓，不過垂直舉升扇也會在同時往下產生84千牛頓的推力，左右

的翻轉噴射口合計會有16.5千牛頓的推力，因此最大推力為180.5千牛
頓。F-35所須的推力為173.5千牛頓，因此在推力方面沒有問題。在沃
斯堡工廠專門用來測試懸停飛行的懸翔測試坑（Hover Pit）進行測驗
時，成功發揮最高182.4千牛頓的下方推力。

F-35B噴射系統的1比1模型。引擎前方有轉軸驅動式的垂直舉升扇，並從引擎左
右延伸出翻轉用噴口的排氣管。　　　　　　　　　　　　　　（照片：青木謙知）

F136引擎

　　F-35的引擎，可以換裝成F135以外的類型。通用動力與勞斯萊斯共同研發的F136渦輪扇葉引擎，就是其候補之一。推力等級與F135相同，使用後燃器的最大推力為178千牛頓，乾燥推力111千牛頓，STOVL時的推力為80千牛頓。像這樣讓單一機種有複數引擎可以配備，運用單位可以按照自己的需求來進行選擇，若是引擎發生重大問題，還可以用替換別的引擎來持續運用。美國空軍目前擁有的1010架F-16C／D，也是使用普惠公司的F100與通用動力F110這兩種引擎。配備機體數量越多，引擎故障所造成的影響也就越大，因此F-35採用同樣的戰略並不奇怪。另外，在美國空軍的F-16C／D之中兩家公司的引擎比率為50：50，在選擇廠商制度上路之後F110的配備機數大約佔百分之65。

　　F136雖然是為了美國空軍的次期戰術戰鬥機研究計劃所研發，但卻是以輸給普惠公司F119的YF120引擎為基礎。YF120身為渦輪扇葉引擎，卻採用可變循環方式，在進入超音速飛行時會以渦輪噴射的方式來運作。渦輪扇葉引擎在低速的時候有著優異的燃料效率，但在高速飛行時則是將所有吸入空氣都提供給引擎的渦輪噴射效率較高，YF120可說是兼具雙方的優點。

　　但也因為如此有著複雜的構造，而且在高速飛行時效果並不明顯，在審查中落敗。F136則沒有採用這個可變循環機制，是普通的渦輪扇

葉引擎。

F136在2004年7月開始進行測試，目前也正在持續進行，還須要一段時間才能完成。預計最快要到會計年度2011年才會開始量產，按照這個速度，F-35將在第6生產批數之後開始裝備，不過也預估有可能要等到第8批數。STOVL用的旋轉式噴射口跟垂直舉升扇，都是直接使用與F135相同的零件，可以發揮同等的功能。

F-35計劃採用複數的引擎供給，由通用動力與勞斯萊斯一起進行研發。上方為STOVL用的F136引擎，右方是裝在戶外測試架上給STOVL用的F136。（照片提供：兩張都來自通用動力官方網頁 jsf.mil）

COLUMN

CAT BIRD

F-35所搭載的雷達等電子儀器,會由專用的飛行測驗機來進行研發。這架飛行測驗機是用波音737-300改造而成,代號為CAT BIRD。機首裝備有跟F-35一樣的圓頂,機身前方有著模擬主翼前緣的固定翼,機身後方有著模擬水平尾翼後緣的固定翼,在這些部位裝備F-35的電子儀器,讓研究團隊可以用實際飛行環境來進行開發與測試。機內設有20處工程師用的工作站,並在右前方有著F-35的操作艙。各種感測器的運作狀況會直接顯示在F-35的操作艙內,對操作艙的研發作業也有很大的貢獻。

測試F-35的電子儀器時所使用的,以波音737-300改造而成的CAT BIRD。
（照片提供:洛克希德‧馬丁）

第4章

F-35的武器裝備

身為多功能戰鬥機，F-35設計成可以搭載各式各樣的
武裝。雖然也可以使用各個購買國家獨自研發的兵器，
但本書的說明將以製造國的美國為主。

武器艙房與懸掛點

　　F-35與F-22相同，為了不讓武裝妨礙到機體的匿蹤性，在機身下方設置有開閉式的武器艙房。這個艙房分成左右兩邊，分別由兩道艙門覆蓋。因為機體較小，會以前窄後寬的梯形來排列。F-35屬於多功能戰鬥機，預定將會運用在搭載多種武裝的任務之中。因此左右主翼下方又分別設置有3處機外裝備懸掛點，機體中心線的下方也有1處懸掛點存在。武器艙則是各有2處懸掛點，因此F-35總共有11處可供掛載的位置。左邊主翼最外側的懸掛點被賦予Sta.1的代號，機體中心下方為Sta.6，右邊主翼外側為Sta.11。另外，各個懸掛點有最大重量的限制存在，其具體數據如下。

● Sta.1／11（主翼下方外側）：300磅（136公斤）

● Sta.2／10（主翼下方中央）：2500磅（1134公斤）

● Sta.3／9（主翼下方內側）：5000磅（2268公斤）

● Sta.4／8（武器艙外側）：2500磅（1134公斤）

● Sta.5／7（武器艙內側）：350磅（159公斤）

● Sta.6（機體下方中央）：1000磅（454公斤）

　　STOVL型的F-35B，在Sta.2／10與Sta.4／8有著最大重量1500磅（680公斤）的限制。搭載重量較小的Sta.1／11與Sta.5／7是空對空飛彈專用的懸掛點，除此之外則是可以裝備對地、對空兩方面的武器。拋棄式的機外油箱則是由Sta.3／9來負責。

武器艙房內部各有兩處懸掛點，設置在艙內天花板與內側艙門合頁的部位，各可以裝備1發武器。目前的標準搭載範例，是天花板的懸掛點裝備最大2000磅（907公斤）的聯合直接攻擊彈藥（JDAM），艙門合頁的懸掛點裝備1發120C AMRAAM。只要尺寸通用，當然也可以換成其他種類的炸彈。另一方面在空對空飛彈方面，目前只能裝備AMRAAM。不過開發團隊已經著手研究如何搭載更多種類的武器，成果將會反應到經過許多改良的Block 3規格的量產機身上（參閱148頁）。

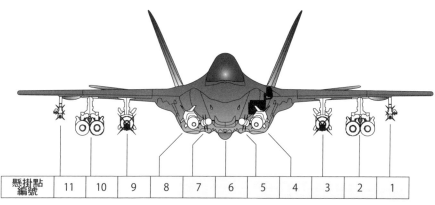

懸掛點編號	11	10	9	8	7	6	5	4	3	2	1

除了機身內的武器艙房，F-35也能在機外搭載武器，總共裝備有11處的懸掛點。照片內是將武器艙打開的AA-1，裝備有GBU-31 2000磅（907公斤）JDAM與AIM-120C的模擬彈。（照片提供：洛克希德·馬丁）

空對空飛彈（1）：
AIM-9X

　　由美國研發的AIM-9響尾蛇飛彈，是西方國家標準配備的紅外線導引式可見射程（WVR）空對空飛彈，AIM-9X是目前最新的款式。跟過去AIM-9系列最大的不同點，是採用影像紅外線（IIR）導引方式，並在飛彈尾部裝備控制型導向系統（CAS）與燃氣舵（JVC）。這讓AIM-9X可以從導引裝置的尋標器無法直接捕捉目標的角度，在偏離軸線的位置發動攻擊。IIR尋標器另外還使用最先進的史特林焦點平面陣列（FPA）來提高感測器的靈敏度。這個尋標器可以持續追蹤感應到的目標，具有去除干擾的機能與極高的紅外線反制（IRCM）對抗手段。再加上尾部的CAS與JVC大幅提高運動性能，跟其他款式相比可以用更高的攻角飛行，也因此降低尾翼面積，減少飛彈本身的空氣阻力。這些改良另外也提高射程，跟前一型AIM-9L／M的18公里相比，增加到37公里。

　　AIM-9X另外還有稱為Block II的改良型，更進一步提升電子儀器的軟體、飛彈內部電源、CAS／JVC連接器、保險裝置，信管也從DSU-36升級為更先進的DSU-41B，還裝備有無線資訊同步裝置。雖然外型與Block I完全相同，但在資訊同步系統的支援下，發射後可以持續接收與目標相關的新資訊。

　　實現發射後下達命令來捕捉目標的「LOAL（射後鎖定）」攻擊方式，更進一步提升飛彈的運用能力與精準度。

　　AIM-9X在2003年11月由美國空軍，在2004年2月由美國海軍實用化。改良型的Block Ⅱ也在2010年6月簽訂量產契約，生產線將在2012年之後完全改為製造Block Ⅱ。F-35預定在左右主翼最外側的懸掛點各搭載1發AIM-9X。機身內的主武器艙雖然無法裝備，但已經在進行改良。

搭載於F-15主翼下方的AIM-9X 響尾蛇。尾部裝備有CAS／JVC來提高運動性能，並具備軸線外攻擊能力。另外還提高感測器的靈敏度與反制干擾的能力。

（照片提供：美國空軍）

空對空飛彈（2）：AIM-120C

　　AIM-120C先進中程空對空飛彈（AMRAAM），是使用主動雷達導引的超視距（BVR）空對空飛彈。這款飛彈本身裝備有完整的雷達設備，發射前由戰鬥機用雷達捕捉目標，將資訊傳達給飛彈的導引裝置，發射後則是用飛彈本身的雷達鎖定目標，以自我歸向導引的方式飛行。這種運作方式稱為「射後不理」，讓發射的戰鬥機不用花費功夫去誘導飛彈。

　　AIM-120從AIM-120A發展成AIM-120B，然後進化到AIM-120C。為了能在F-22的武器艙內裝備6發，AIM-120C將翼端切下一截，不過這並沒有影響到飛行能力。AIM-120C一樣經過階段性的改良與發展，強化彈頭威力、改良反制電子妨礙的能力、追蹤裝置的升級等等。目前製造的最新版本為AIM-120C-7，配備新型雷達天線與慣性參考裝置、改良導引用電子儀器與探測目標的機能、追加應變能力較高的資訊同步機能等等，得到許多改良。

　　美軍在1991年9月開始將AIM-120實用化，AIM-120C則是在1996年開始交付（最初為AIM-120C-1）。AIM-120C-7則是在2006年初開始進行實戰性配備。目前的F-35可以在機身左右的武器艙內，各搭載1發AIM-120C。活用機體的高匿蹤性，進行「先發現、先攻擊、先擊墜」戰術的場合，會在武器艙內搭載AMRAAM來執行任務。

　　另外在目前所研究的Block Ⅲ作戰能力改良型F-35，預定可以在武器
艙內裝備4發AMRAAM。在無須注重匿蹤性的空戰任務中，還可以在
主翼下方的懸掛點各追加1發。而這也代表Block Ⅲ規格的機體最大將
可以裝備8發的AMRAAM。往後所預定的更進一步的規格若是可以實
現，將可以增加到12發。除此之外也正在進行將機身內武器艙的裝備
數量提高到6發的研究，若是可以實現，武器艙內的搭載能力將與F-22
相同。

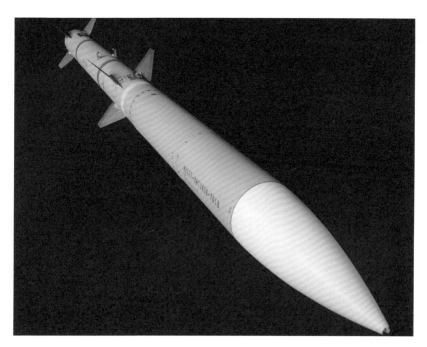

AIM-120C是AIM-120 AMRAAM的最新規格。C型為了在F-22的機身內容納6發，
將翼端切短一截。　　　　　　　　　　　　　　　　　　（照片提供：雷神）

空對地飛彈（1）：
AGM-65

　　AGM-65小牛式飛彈，是在1960年代後半開始研發，1972年配備給美軍使用的空對地飛彈。最早的實用型採光電導引方式，後來漸漸追加其他導引裝置，發展出一整個系列的空對地飛彈。其中各種類型如下，基本上都具備較為粗胖的圓柱型彈體，從中央或前方一直延伸到尾部，弦的長度較長，前緣後退角相當銳利的4枚三角翼，最前端具備導引用的尋標器，尾部是用來噴射的固態燃料火箭。

◇AGM-65A／B：第一款實用化的小牛式飛彈，採用光電導引方式，B型追加了擴大目標影像的機能。配備對象為空軍，最大射程3公里。

◇AGM-65D：1983年實用化的空軍用裝備，使用影像紅外線導引系統，射程增加到20公里。

◇AGM-65E：1985年實用化，海軍陸戰隊用的半主動式雷射導引，首次使用大型彈頭，最大射程20公里（低高度發射時為12公里）。

◇AGM-65F：跟D型一樣採用影像紅外線導引，但以船艦為主要目標來進行調整。海軍用，在1989年實用化，最大射程25公里。

◇AGM-65G：改良D型的導引軟體，配備給空軍使用，最大射程25公里。另外也製造有提高誘導系統的精準度，可以將小型車輛當作目標的改良型AGM-65G2。

◇AGM-65H：裝備光電尋標器，改良在視野不佳的環境下捕捉目標的能力。有兩階段的視野可供切換。最大射程6公里。

◇AGM-65J／K：將H型的彈頭大型化，J型配備給海軍陸戰隊，K型
　配備給空軍。最大射程25公里（低高度發射時為12公里）。

　　AGM-65無法裝進F-35機身內部的武器艙，若是進行攜帶，只能搭載
於主翼下方。可以使用的懸掛點為左右主翼中央以及內側等共4個懸掛
點，使用3連裝發射器的話，各個懸掛點可以搭載3發，不過考慮懸掛
點之間的距離，實際使用時的最大搭載數量應該在6發以下。

美國空軍、海軍、海軍陸戰隊所使用的AGM-65小牛式飛彈。照片內為美國海軍陸
戰隊的F／A-18C所搭載的雷射導引型AGM-65E。　　　（照片提供：美國海軍）

空對地飛彈（2）：
AGM-114

　　AGM-114地獄火空對地飛彈，是研發給AH-64阿帕契攻擊直昇機當作主力兵器的導引式反裝甲飛彈。最一開始製造的是半主動式雷射導引的AGM-114A，在1985年開始配備。當AH-64的改良型AH-64D阿帕契長弓問世之後，地獄火飛彈也跟著發展出改良型的地獄火Ⅱ。在地獄火Ⅱ之中首先製造的類型為AGM-114K與AGM-114L。這些第二世代的量產型在1997年開始交付給美國陸軍。另外也有考慮延伸射程距離，但運用上沒有這個必要性，因此每種類型的最大射程都維持在8公里。

　　AGM-114K跟第一代的地獄火一樣是半主動式雷射導引，不過尋標器對於反雷射用的電子光學妨礙有著較高的適應能力，並且追加數位式自動操作／導引用電子儀器、雙重彈頭、無煙馬達等裝備，改良破壞力與全天候運用能力。另一款AGM-114L則是將主動式極高頻雷達當作導引裝備，必須與AH-64D的AN／APG-78長弓雷達配合使用。這些改良增加了地獄火飛彈對於移動、靜止中的地面裝甲車輛／貨車、防空系統（ADU）的打擊能力，在面對用網狀物進行偽裝或被煙霧遮掩等，無法用光學裝置進行導引的目標時，也能發揮極高的命中率。

　　地獄火Ⅱ則是更進一步強化AGM-114L的彈頭，改良成可以攻擊船艦的AGM-114M，另外還製造有一樣是變更彈頭，用來攻擊非裝甲性目標的AGM-114P／R。就規格來看，F-35有能力攜帶各種地獄火Ⅱ來

當作空對地飛彈使用。不過在今日，研發給固定翼飛機使用的硫磺式
反裝甲飛彈與下一代的聯合空對地飛彈（JAGM，參閱下一標題）都已
經在著手進行，F-35選擇地獄火 II 的可能性並不高。這些飛彈在設計
時特別留意尺寸與發射裝置的通用性，不論是機身內的主武器艙還是
主翼下方的懸掛點，都可以進行裝備。可攜帶數量的官方資料並沒有
公開，推測將是武器艙2～4發，主翼下方最少6發。

搭載於 AH-64D 阿帕契長弓
的 AGM-114 地獄火飛彈。照
片內是雷達導引式的 AGM-
114L，除此之外也有雷達導
引的類型。

（照片提供：波音）

空對地飛彈（3）: JAGM

聯合對地飛彈（JAGM）是美國陸軍跟海軍在2007年6月所展開的共同研發計劃。目的是為正在使用的BGM-71拖式飛彈、AGM-114地獄火、AGM-65小牛等短程空對地飛彈後續研發的替代用兵器。審核各家廠商的提案之後，在2008年9月與洛克希德‧馬丁、波音／雷神團隊這兩家企業簽署技術研發契約，由雙方展開研發競賽。

目前JAGM所要求的基本規格，是重量50公斤前後、直徑17.8公分、長度1.78公尺，尺寸跟使用超高頻雷達導引的AGM-114L地獄火II相同。而最大射程，則是由直昇機發射時16公里，固定翼飛機發射時28公里，以直昇機發射的要求距離為地獄火的2倍，固定翼機的場合則是比小牛式飛彈更遠一點。

JAGM預定在尋標器裝備稱為Tri-Mode的系統。這個系統具備焦點平面陣列式影像紅外線（IIR）尋標器、半主動式雷達尋標器、超高頻雷達尋標器等三種設備，可以按照不同狀況與目標來選擇最為合適的尋標器，互補缺點，盡可能克服使用上的限制，並提高精準度。預定要給F-35等固定翼飛機所使用的類型，則必須搭載發射之後能夠更新目標情報的資訊同步裝置。

另外則是在搭載時，必須可以直接使用地獄火飛彈的發射裝置。因此洛克希德‧馬丁直接採用地獄火飛彈的彈體，雷神／波音團隊則是選擇與地獄火尺寸相同的硫磺式飛彈的彈體來進行研發。

　　JAGM預定在2010年審核出正式的研發企業，但卻因為作業的延誤尚未決定。今後若是一切順利，開發作業也如同預期的話，則可以在會計年度2015年開始量產，2016年實戰配備給直昇機使用，進一步追加搭載於F-35B／C的機能。

展開新型短程空對地飛彈研發競賽的JAGM計劃。上方為洛克希德‧馬丁，下方為雷神／波音團隊的構想圖。可以直接使用地獄火飛彈的發射裝置。
（照片提供：洛克希德‧馬丁（上）雷神（下））

空對地飛彈（4）：
AGM-88A／B／C／D／E

　　用來壓制、破壞（SEAD／DEAD）敵人防空網的反雷達飛彈。會捕捉防空雷達所發出的電波來往訊號源頭前進，屬於被動式的雷達導引飛彈。分成發射時以飛彈本身的受動式雷達捕捉目標的類型，與戰鬥機用自身雷達在發射前指定目標的類型。另外也可以事先輸入目標位置，在沒有捕捉到敵人電波的狀態下發射，或是事後由戰鬥機指定目標。飛彈本身是沿用AIM-7麻雀飛彈，彈體中央有4片具備雙重後退角的完全游動式三角控制翼，尾部有4片固定式的穩定翼。發射後會以馬赫2.9的最高速度展開飛行，最高可以承受14G的機動飛行。

　　初期生產的AGM-88A在1983年開始配備，1980年代末期可以在戰機排列停放時迅速交換軟體的AGM-88B開始實用化。接著又研發、製造AGM-88C，除了改良軟體來減少誤判我軍雷達的機率，還追加可以朝妨礙電波訊號源頭前進的Home-On-Jam機能，擴大對應頻。AGM-88D則是追加GPS全球定位系統與慣性參考裝置，就算目標的雷達停止發射電波，也可以依照事先輸入的座標持續飛行。AGM-88從A型到D型都是由德州儀器公司（現在的雷神）研發、製造，被稱為高速反幅射飛彈（HARM）。

　　AGM-88系列的最新型為AGM-88E，在2003年成立的HARM改良計劃之下展開研發作業。進行比較性審查之後，選出Alliant Techsyste做為研發企業，名稱也改為先進反幅射導引飛彈（AARGM）。AGM-88E

的尋標器採用複合模式,組合被動型／主動型超高頻雷達尋標器,另外還改良控制用軟體,減少雷達截面積,提高飛行速度,延長有效射程等等,據說就算目標在中途停止發射電波,也能以正確的方向持續往目標前進。就尺寸來看,AGM-88可以裝進F-35機身下方的武器艙,但就運用方式來看,應該會裝在主翼的懸掛點上。

AGM-88系列高速反雷達飛彈的最新型,AGM-88E AARGM。採用複合模式的尋標器來提高精準度。　　　　　　　　　　　　　　　　（照片:青木謙知）

空對地飛彈（5）：AGM-84E／H

　　AGM-84E是以麥克唐納・道格拉斯（現在的波音）所研發的AGM-84魚叉飛彈為基礎，所改造而成的距外陸攻飛彈（SLAM），可以從所謂的Stand-off距離來展開攻擊（最大射程95公里）。1980年代中期開始研發，1990年開始配備，在1991年1月的波斯灣戰爭首次被使用在實戰之中。除了前方稍微加長之外，基本外觀與AGM-84A相同。導引裝置有中途飛行用的慣性導航系統（INS）與全球定位系統（GPS），另外還具備AGM-62牆眼空對地飛彈的資訊同步裝置，能夠接收發射機體所傳送的資訊來更新目標的情報，在進入最終導引階段時，則是用AGM-65D小牛式飛彈的影像紅外線尋標器來鎖定目標。

　　AGM-84H SLAM-ER是將AGM-84E的射程增加到280公里的改良型。ER（Expanded Response」）代表延長飛彈射程來擴張運用範圍的意思。誘導系統與推進裝置都跟AGM-84E相同，但前端改成尖銳的平面造型來提高巡弋飛行的效率與匿蹤性。另外則是廢除中央的穩定翼，在本體加裝摺疊式的主翼來進行滑翔。

　　SLAM-ER的代表性運用方式，是從最大射程內的任意地點發射之後，讓飛彈從衛星接收GPS訊號，加上INS所預定好的路線來飛行。

　　組合GPS與INS，最大可以設定7個經過地點，不再需要像傳統飛彈那樣筆直的往目標前進。這種自由設定飛行路線的機能，可以有效避開對方的防禦網，讓敵人難以捕捉。有必要的話還可以透過資訊同步

機能，在飛行的途中變更路線。抵達目標的60秒前，SLAM-ER會啟動影像紅外線尋標器。進行發射的駕駛員可以用靜止影像瞄準點更新（SMAU）系統來指定攻擊地點，一樣用資訊同步機能來將命令傳達給飛彈，飛彈便可以朝向該目標飛行。

　　SLAM／SLAM-ER屬於大型的空對地飛彈，若是由F-35來進行運用，將會搭載於主翼下方。

活用魚叉式空對艦飛彈所發展出來的遠程對地攻擊飛彈AGM-84E，更進一步裝上摺疊式主翼來加長射程的AGM-84H SLAM-ER。　　　　（照片：青木謙知）

空對地飛彈（6）：
AGM-158

在1995年展開的遠程空對地飛彈計劃，因為美國空軍與海軍都將進行配備，因此被賦予聯合空對地遠程飛彈（JASSM）的計劃名稱。但後來海軍停止參與，變更為只屬於空軍的計劃。JASSM擁有角度圓融的三角形彈體，底部裝備有伸展式主翼，尾部下方兩側有著小型的側翼板，上方則跟主翼一樣，是伸展式的垂直穩定翼，搭載於戰鬥機的時候會往左側摺起。推進裝置是擁有3千牛頓推力的J402-CA-100渦輪噴射引擎，可以飛行370公里以上的距離。使用454公斤的WDU-42／B侵徹式彈頭。

主要導引裝置為全球定位系統（GPS），後備系統則是慣性導航裝置（INS），以這兩種裝備的座標資訊來展開飛行。當然也可以設定途中經由地點，並用資訊同步裝置來變更路線。接近目標之後會切換成影像紅外線尋標器，鎖定目標時會使用獨立的演算法。另外也計劃將最終階段的導引裝置，從影像紅外線尋標器改成超高頻主動式雷達、合成孔徑雷達、雷射雷達來提高全天候運用能力，並且按照不同的目標來切換成最為合適的導引裝置。第一批量產型AGM-158A在2003年開始服役。

AGM-158B JASSM-ER是將AGM-158A的射程更進一步改良，一樣追加有延長反應距離（ER）的代號。詳細規格並不明確，除了將引擎更換為燃料效率更好的類型，並增加油箱尺寸，最大射程計劃將在925

公里以上。預定會與標準型維持70%的硬體通用性，95%的軟體通用性。JASSM-ER在2006年5月18日開始進行飛行測驗，應該會在2013年開始進行配備。

　　AGM-158是總長4.72公尺，重量1021公斤的大型兵器，因此無法收納在F-35武器艙內。攜帶時將會使用主翼下方的懸掛點，左右各攜帶1發。

大型的長程空對地飛彈AGM-158 JASSM。彈體後方裝備有渦輪噴射引擎，發射後會將下方的主翼展開，來進入巡弋飛行。目前正在研發改良射程的JASSM-ER。
（照片：青木謙知）

空對艦飛彈：AGM-84

　　AGM-84魚叉飛彈是在1971年研發的空對艦飛彈，另外也在1972年發展出用船艦發射的RGM-84，以及用潛艦發射的UGM-84。給航空器使用的AGM-84裝備有J402渦輪噴射引擎來做為推進裝置，導引系統組合慣性導航裝置（INS）與主動式雷達。在一般運用時，發射後會降落到貼近海面的高度（Sea Skimming高度），一邊以電波高度計來維持高度，一邊按照慣性導航裝置事先輸入的資料來進行飛行。抵達事先設定好的地點之後，就會啟動雷達朝電波反射最強的位置（一般為艦橋）前進。此時為了避免被船艦的防衛系統擊墜，飛彈會在接近目標時緊急上升，朝指定地點進行俯衝。最大射程120公里。

　　魚叉式飛彈以分區（Block）發展計劃持續進行改良，在第一型的AGM-84A問世之後，緊接著在1982年推出改良電子反對抗措施（ECCM）的Block 1B（AGM-84C）。1984年開始配備改良Sea Skimming飛行與慣例導航裝置、增加通過地點、更進一步改良選擇式搜索、射程、ECCM的Block 1C（AGM-84D）。1992年展開Block 1D的研究，更進一步強化射程，並追加重複攻擊能力（遭到敵方電子性妨礙而找不到目標時，會先飛過目標然後再次展開攻擊），但高層判斷並不需要如此的射程，因此並沒有實用化。1997年研發出Block 1G（AGM-84G），以Block 1C為基礎來追加重複攻擊能力，並改良導引裝置。

　　2000年開始製造的Block 2（AGM-84J／L）在巡弋飛行中使用全球定

位系統（GPS）來提高精準度，並且可以在船艦數量眾多的海域中正確找出目標。另外也強化射程，讓有效距離增加到124公里以上。雖然也有計劃更進一步提升能力的Block 3，但卻遭到中止。

　　魚叉飛彈後來被拿來改造成為SLAM／SLAM-ER，屬於比較大型的飛彈，因此無法容入F-35的武器艙內。在左右主翼下方各攜帶1發，將是標準的運用方式。

J／L型的魚叉式空對艦飛彈，改良飛行準度來提高攻擊的正確性。SLAM-ER所使用的新技術後來反饋到AGM-84L身上。　　　　　　　　　　（照片：青木謙知）

精密導引炸彈（1）：GBU-10／-11／-12／-16／-17／-22／-24

雷射導引炸彈的寶石路系列，分成在1976年實用化的寶石路Ⅱ與1986年實用化的改良型寶石路Ⅲ，各種類型會以彈體的重量來決定編號。雷射導引式的炸彈必須由發射的戰鬥機或是第三者持續用雷射指向目標，讓炸彈前端的雷射尋標器捕捉反射訊號。雖然有運用上的限制，但卻可以發揮極高的精準度。

寶石路Ⅱ在彈體後方裝有伸展式的飛行翼，可以在掉落時提高機動性，而在彈體前方也有用來修正掉落方向的小型翼存在。最前端的雷射感光部有著稱為「Weather Vene」的環狀可動構造，可以透過轉動來增加雷射的感應範圍。GBU-10的彈體使用Mk84的2000磅（907公斤）炸彈，GBU-11使用M118的3000磅炸藥（1361公斤），GBU-12使用Mk82的500磅（227公斤）炸藥，GBU-16使用Mk83的1000磅炸藥（454公斤），GBU-17使用MSM侵徹彈藥。

寶石路Ⅲ改良雷射尋標器的靈敏度，必廢除彈頭的「Weather Vene」構造，將感光器改成固定式。伸展式主翼跟寶石路Ⅱ相同，彈體分成使用Mk82的GBU-22跟使用Mk84的GBU-24。

只要能感應到目標反射過來的雷射光，雷射導引炸彈就能發揮極高的精準度，可是在天候不佳或滿是塵沙的戰場上，常常會無法感應到雷射的反射光。在這種場合就只會像普通炸彈一樣自由掉落，大幅偏離目標。

　　因此另外研究了追加GPS輔助慣性導航系統（GAINS）的類型，就算無法感應到雷射，也能朝事先輸入的座標持續飛行。這種改良版本被稱為強化型（Enhanced）寶石路，實際改裝的種類有GBU-12／-16寶石路Ⅱ與GBU-24寶石路Ⅲ。改良後會被賦予E的代號，用EGBU-12／-16／-24來稱呼。強化型寶石路Ⅱ／Ⅲ在1990年代後期開始實用化，在1999年的科索沃戰爭中首次被使用。

　　寶石路系列的炸彈，基本上必須在投彈之前接收雷射訊號，因此就算是由F-35來進行運用，一樣只能裝備在機外的懸掛點上。

在楔型油箱的懸掛點上裝備GBU-16寶石路Ⅱ的F-15E。為了增加尋標器的感光範圍，機首的尋標器採用可動構造，並追加環狀結構。　　　　（照片提供：美國空軍）

精密導引炸彈（2）：GBU-31／-32／-35／-38／-54／-55／-56

　　美國空軍與海軍在1980年代末期，開始著手研發比寶石路更為廉價的精密導引兵器。寶石路系列在1991年的波斯灣戰爭中發揮極高的精準度，證實了其應有的實力，但卻有著高成本與製造太過費時的問題。因此在1995年選出波音公司，製造用全球定位系統（GPS）組合慣性導航裝置（INS），只要輸入座標丟下後就會自動往目標飛去，代號為JDAM（聯合直接攻擊彈藥）的兵器。彈體有使用2000磅（907公斤）炸彈的GBU-31，使用1000磅（454公斤）炸彈的GBU-32，使用1000磅侵徹彈的GBU-35，使用500磅（227公斤）炸彈的GBU-38。

　　JDAM最大的特徵，是只要將JDAM的零件包組裝到一般炸彈，就能瞬間成為精密導引炸彈。這個零件包的內容包含GPS訊號接收器、飛控電腦、包含可動翼在內的彈體後方導引裝置（用外側的4片可動翼來控制彈體掉落時的飛行方向）、控制彈體周圍氣流的延伸面。GBU-38以外的類型會將延伸面裝在彈體中央，GBU-38則是為裝在前端。從戰鬥機拋投之後會用GPS來接收人造衛星的訊號，往指示的地點正確飛過去，若是收不到衛星訊號或是GPS發生故障，則會切換成INS來往目標前進。

　　從2004年開始，JDAM的零件包追加了雷射導引裝置。這被稱為雷射JDAM（LJDAM），跟一般的JDAM一樣用GPS來當作基本導引系統。不過若是有戰機或地面部隊用雷射照射目標，GPS導航電腦就會

以雷射的反射光來重新計算目標位置。這讓LJDAM可以用來攻擊低速移動的目標，理論上只要能感應到雷射，也可以在掉落途中變更目標。LJDAM有使用500磅炸藥做為彈體的GBU-54，使用1000磅炸彈的GBU-55，跟使用2000磅炸彈的GBU-56。JDAM是F-35的基本對地攻擊兵器之一，在2000磅以下的所有類型都可以在機身內部的武器艙各收納1發。

在Mk80系列的一般炸彈裝上JDAM的零件組，來成為精密導引兵器。上方是用Mk83來當作彈體的GBU-32。下方是用Mk82來當作彈體的GBU-38。GBU-38以外的彈體會在中央裝設延伸面，而GBU-38則是會將延伸面裝在前端。導引方式全都相同。
（照片：青木謙知）

精密導引炸彈（3）：
GBU-39／B

與JDAM相同GBU-39用全球定位系統（GPS）與慣性導航系統（INS）來做為導引裝置，並選擇新研發的250磅（113公斤）炸彈來當作彈體，直徑只有7.5英吋（19公分），讓它得到了小直徑炸彈（SDB／Small Diameter Bomb）的代號。爆炸物使用19公斤的Tritonal（80% TNT炸藥和20%鋁燃劑的混合物）高爆炸藥，其破壞力足以匹敵900公斤級的炸彈。

SDB的特徵之一，是具備滑翔用的飛行翼。這對飛行翼在攜帶時會完全收納在彈體上方，投下展開之後的翼展有1.38公尺。這對飛行翼跟飛機主翼一樣會產生升力，讓SDB像滑翔機一樣往目標前進，大幅強化有效範圍。據說從超高度進行投彈的場合，可以朝75公里外的目標前進，並且有半數會命中目標精準位置半徑3公尺內的範圍。彈體尾部跟JDAM一樣具有4片飛行控制翼，可以在滑翔中當作舵翼使用。另外還強化前端部位來裝備延後爆炸的侵徹式信管，在測驗中擊穿厚度2.4公尺的強化水泥。最新型則是研發有集中致命性炸彈（FLM），並且已經進入量產階段。FLM的彈體使用複合性材料，內部裝備有重度純性金屬高爆炸藥，破壞力雖然不變，但產生的爆炸風壓較小，爆炸時會讓複合材料碎成較小的破片，使爆炸的威力集中在更有限的範圍之內，也避免大型的彈體鋼製碎片四散來傷及無辜。

SDB是只有美國空軍才有配備的武器，研究計劃在2001年開始，

2005年4月選出波音公司來擔任製造，2006年開始進行實戰配備。對於小型的SDB，同時研發有BRU-61／A掛架，每個架上可以裝備4發GBU-39／B。

F-35在使用BRU-61／A的場合會搭載於主翼下方，每個懸掛點搭載4發。將來會研發用來搭載於機身內部的專用掛架，若是可以實現，1個武器艙內將可以收納8發的SDB。

在新研發的250磅（113公斤）炸彈裝上GPS／INS導引裝置，並用展開式滑翔翼來飛行的GBU-39／B SDB。遠側是將滑翔翼收納起來的狀態。

（照片：青木謙知）

精密導引炸彈（4）：
GBU-53／B

　　為了更進一步提高SDB的運用能力，美軍在2006年展開所謂的SDB II計劃。主要著眼點在於追加天候惡劣時也能攻擊目標的能力，在波音跟雷神兩家企業的競爭性提案之下，於2010年8月由雷神勝出，代號名稱GBU-53／B，預定將由美國海軍跟海軍陸戰隊進行配備。身為SDB II的GBU-53／B與GBU-39／B一樣，是滑翔式的導引炸彈，不過彈體直徑比GBU-39／B的19公分還要更細，只有15.2公分（尋標器的部位則是17.8公分）。整體重量也減少到200磅（90.7公斤），掛架一樣會是BRU-61／B，可裝備的彈數一樣沒有改變。

　　GBU-53／B與GBU-39／A最大的差異，在於前端所裝備的Tri-Mode Seeker。這是由超高頻雷達、非散熱式影像紅外線攝影機、半主動式雷達等三種感測器結合而成的導引系統。超高頻雷達在天候不良時也能辨識、追蹤目標，影像紅外線攝影機讓GBU-53／B可以迅速展開攻擊。半主動式雷達尋標器則跟寶石路系列一樣，可以用雷射指定目標來讓炸彈往反射源頭前進。這三種不同特徵的尋標器，讓SDB II成為對應各種戰局的精密導引兵器。另外還具備有雙向資訊傳輸裝置，可以在滑翔中更新目標情報，或是改變飛行路線。Tri-Mode Seeker會在接近目標的最終階段啟動。

　　彈頭方面則是組合爆炸式彈頭、破碎式彈頭、成型裝藥彈頭，除了具備破壞裝甲目標的攻擊能力，還可以將爆炸限制在一定範圍之內，

將不必要的損害減到最低。

　　GBU-53／B在2010年後半進入技術、製造研發作業的階段，預定在2011年後半開始飛行測試，2016年結束研發作業。首先會讓F-15E進行運用，F-35B／C則是會在2016年之前結束評估作業，之後再賦予F-35A搭載能力。預估F-35的搭載方式將與GBU-39／B相同。

SDB發展型的GBU-53／B SDB Ⅱ。前端裝備有Tri-Mode Seeker，彈體跟飛行翼也重新設計。　　　　　　　　　　　　　　　　　　　（照片提供：雷神）

精密導引炸彈（5）：AGM-154

　　計劃名稱JSOW（聯合遙距攻擊炸彈）的AGM-154，雖然被賦予空對地飛彈的「AGM」代號，但實際上卻是沒有具備推力裝置的滑翔炸彈。只是其有效距離高達120公里上下，因此跟飛彈一樣使用「AGM」的代號。研發計劃在1992年由美國空軍跟海軍共同展開，研發企業為雷神公司。最早的生產類型為AGM-154A，收納有145發BLU-97／B小型炸彈，是全面壓制型的兵器。只是美國雖然沒有批准彈藥撒布兵器（Dispenser Weapon）的禁止條約，但基於人道方面的考量，運用上應該會有相當嚴格的限制，目前也已經停止製造。接下來研發的是收納有6發反裝甲小型炸彈的AGM-154B，但並沒有進行量產。現在唯一進入量產作業的是AGM-154C，於2001年4月開始研發，2004年11月配備給美國空軍。

　　AGM-154C在彈頭上裝備有代號BROACH（Bomb Royal Ordance Augmenting CHarge），意思為皇家軍用品工廠強化炸藥的侵徹式彈頭。雙彈頭的構造將兩種不同性質的彈頭前後排列，前方為擊穿裝甲或水泥的成型裝藥彈頭，後方為起爆後破壞目標用的大型彈頭。

　　AGM-154也具備伸展式的飛行翼，投下之後會將飛行翼展開，用全球定位系統（GPS）與慣性導引系統（INS）的導引裝置，按照事先設定好的路線往目標飛去。

　　這個飛行翼的技術另外也被使用在GBU-53／B SDB II（134頁）導

引炸彈上。調整飛行路線的可動翼則是位於彈體後方，總共有6片。AGM-154C在前端裝備有影像紅外線的導引裝置，接近之後會啟動尋標器來捕捉目標。加上資訊同步機能，滑翔中也能更新目標情報。將來預定會在最終階段使用超高頻雷達與雷射雷達的導引裝置。

　　AGM-154屬於大型兵器，因此F-35只能裝備在主翼下方。搭載數量也是1個懸掛點1發。

可以用滑翔來進行遠距離攻擊的AGM-154 JSOW。雖然沒有推力裝置，但從超高度投下可以進行100公里以上的導引式滑翔。　　　　　（照片提供：美國海軍）

傳統炸彈

　　美軍所使用的標準性炸彈，是1950年代所研發的Mk80系列低阻力通用炸彈。研發、製造的基本類別有4種，250磅（113公斤）的Mk81、500磅（227公斤）的Mk82、1000磅（454公斤）的Mk83、2000磅（908公斤）的Mk84，其中Mk81已經停止使用。各種類型除了大小跟重量之外都有著共同的基本構造。基本型內部使用的炸藥，空軍為Tritonal，海軍、海軍陸戰隊為H-6裝藥。Mk80系列的炸彈另外也被用來當作其他標題所介紹的寶石路Ⅱ／Ⅲ雷射導引炸彈、JDAM導引炸彈的彈體。

　　MK80系列從開始運用到現在已經有相當一段時間，中途出現過好幾種改良計劃，有數種實際被採用，不過基本上都是投彈方式與炸藥、信管等細微的改良，炸彈本身的基本構造並沒有改變。在各種改良之中尤其重要的，是彈體外殼的耐熱處置。這是由美國海軍跟海軍陸戰隊所主導的改良計劃，在彈體外殼塗佈一層粗糙的耐熱材質，來減少火災時被引爆的可能性。海軍另外還將艦載機搭載型的內部炸藥，變更為PBXN-109不感熱性炸藥。

　　部分種類在尾部加裝有4片尾翼，展開時可以增加空氣阻力來進行減速。這個稱為蛇眼的系統，會將四片大型板狀物以90度的角度往後方展開。美國空軍則是採用制動傘來當作減速系統，Mk82所使用的稱為BSU-49／B、Mk83使用的稱為BSU-85B、Mk84用的稱為BSU-50。這

些減速型炸彈會以低高度來進行拋投，掉落中將尾翼或制動傘展開，大幅延後掉落的速度，讓進行攻擊的機體有充分時間遠離攻擊目標，不受炸彈爆炸所波及。

　　F-35當然有能力搭載這個美軍標準式的炸彈。Mk82／83／84可以收納在機身內部的武器艙，不過當Mk84在尾部加裝減速裝置時，則只能搭載於主翼下方。Mk82與Mk83則可以連減速裝置一起收納在武器艙內。

美軍標準炸彈的Mk80系列，其中最大型的Mk84 2000磅（907公斤）炸彈。美國空軍雖然還仍在使用750磅（340公斤）的M117，但並不打算由F-35進行運用。
（照片提供：美國空軍）

集束炸彈

　　內部收納有許多小型炸彈，抵達目標上空之後進行灑佈，以此對廣範圍進行攻擊的集束炸彈。國際社會制定有「集束炸彈公約」來禁止國家軍隊持有這種廣域殲滅性武器，目前有95個國家署名，其中30個國家（包含日本在內）經過國會批准。美國、俄羅斯、中國等三大強權雖然都有署名，但都沒有經過國會批准，目前仍然持有這類型武器。因此F-35可搭載的兵器之中列有CBU-87／-97與CBU-103／-104／-105等幾種類型的集束炸彈。

　　CBU-87單發重量在430公斤前後，內部收納的202發BLU-97／B複合效果彈藥具有用成型裝藥侵透裝甲、用破碎的彈體殺傷或破壞卡車、用鋯製造的燃燒環來造成火災的三種破壞能力。CBU-97除了稍微大一點之外，與CBU-87幾乎相同，重量約450公斤。內部收納有10發BLU-108／B小型彈。這種小型彈內部有侵徹型的高性能炸彈，側面裝有小型紅外線感測器，各個小型彈會獨自探測裝甲車，接近到破壞距離之後起爆，被稱為感應式啟爆武器。

　　CBU-103／-105／-107改良傳統集束炸彈的命中精準度，追加了風偏修正彈藥灑佈器（WCMD）的零件組。具體來看是CBU-103由CBU-87，CBU105由CBU-97加裝這個工具組來改造而成，而CBU-107則是另外研發的新型集束炸彈。

　　WCMD在尾翼裝備有慣性參考裝置與加速計，在掉落時修正風與其

他的影響，來正確的命中目標地點。而新研發的CBU-107稱為被動攻擊武器（PAW），內部小型彈的詳細規格不明，只知道是用3750根箭型穿透體來破壞生化武器儲藏庫的武器。WCMD在1995年開始研發，2001年4月正式由美國空軍展開運用。

　　據說F-35可以將這些集束炸彈收納在機身內的武器艙。當然也可以像其他炸彈一樣，依照需要配備在主翼下方的懸掛點。

將CBU-87集束炸彈投下的B-1B。美國並沒有簽訂集束炸彈條約，因此F-35的搭載武裝候補之中也包這項武器在內。　　　　　　　　（照片提供：美國空軍）

火箭推進彈

美軍標準的火箭推進彈是代號Hydra-70的2.75英吋（70毫米）火箭彈，這款武器系統另外也被稱為摺疊飛翅空中火箭（FFAR）。Hydra-70雖然具備推進器，但卻沒有導引裝置，爆炸威力也不大，因此會用在範圍較廣，並且沒有被裝甲跟水泥所包覆的攻擊目標上。推進裝置為Mk66火箭發動機，依照任務上的需求來組合各種不同的彈頭。攻擊用途之中代表性的種類有對人、對物都能發揮高爆炸力的M151HE彈頭、內部收納有許多箭形飛鏢的M255彈頭、將M151HE大型化的M229HE彈頭、多功能小型彈藥的M261彈頭等等。另外還有用來照亮戰場上空的M262照明彈。最大射程隨著高度變化，大多在10公里左右。

70毫米火箭彈會收納在圓筒型的發射器內來進行攜帶。這個圓筒的規格有美國空軍收納7發的LAU-130／A、美國海軍收納7發的LAU-61D／A、美國空軍收納19發的LAU-131／A、美國海軍收納19發的LAU-61C／A。火箭彈發射筒無法收納在F-35的武器艙內，因此若是要讓F-35使用火箭彈，就只能攜帶在主翼下方。

火箭彈不具備導引機能，並不屬於絕對可以命中目標的兵器。不過在美國有針對相關問題所提出的計劃，由洛克希德‧馬丁研發代號為DAGR的導引火箭彈。

計劃的具體內容是在Hydra 70系列的火箭彈前端，裝上地獄火II反

裝甲導引飛彈（參閱116頁）所使用的半主動式雷射感測器，來進行雷射導引。目前正在研究的，是活用M151HE彈頭的類型，為了裝上導引裝置，彈體從1.06公尺增加到1.91公尺，不過彈體直徑維持在70毫米不變，可以直接裝在原本的發射筒內。據說在發射前與發射後都會對目標進行鎖定，運用上將有良好的應變能力。DAGR對外公佈的射程為海面高度最小1.5公里、最大5公里，於高度6100公尺進行發射的話則可達到12公里。

美國空軍的LAU-130／A發射筒（右），收納有7發2.75英吋（70毫米）火箭彈，照片正在加裝洛克希德・馬丁研發的DAGR 2.75英吋火箭彈雷射導引裝置。
（照片提供：美國空軍（右）、洛克希德・馬丁（下））

水雷

　　美軍活用Mk80系列的彈體來進行改造的計劃，也包含水雷在內，其中被選F-35搭載兵器候補的，是用500磅（227公斤）Mk82改造而成的Mk62、跟用1000磅（454公斤）Mk83改造而成的Mk63。只要在一般炸彈的彈體後方裝上改造用的水雷零件組，就可以將用途從炸彈變更為水雷。簡單的作業程序讓它們另外也被稱為QS（迅擊／Quick Strike）兵器。

　　組裝在後部的水雷零件組，包含有TDD（目標探測裝置），以此探測航行中的船隻，並在恰當的時機引爆彈頭。初期的TDD分成雙重感測器的Mk57與多元感測器的Mk58。Mk57會偵測磁力與振動，Mk58則是另外加上壓力感測器。磁力感測器會偵測船隻身上的鋼鐵，振動感測器基本上與聲響感測器相同，但是以海面上發出的聲音為對象，並非傳遞於海中的聲音。Mk58的壓力式感測器會察覺船艦靠近所造成的水壓變化，這些QS兵器在1970年代中期開始研發，於1983年實用化。

　　1990年代前半出現改良感測器的計劃，在1995年完成代號Mk70與Mk71的TDD。這幾款的詳細性能沒有對外公開，推測是以壓力感測器為重點來進行改良。Mk70與Mk71在1997年一度決定不進行量產，但在2000年卻又決定讓Mk62／Mk63／Mk65裝備Mk71，推測大部分的Mk57／Mk58感測器，都會進行汰換。

　　Mk65則是較為大型的水雷，使用新研發的908公斤的彈體，只會用

P-3C等大型機體來進行運用。

　　QS兵器由航空載具拋下之後，會將制動傘打開，並用減速翼來降低掉落速度。避免與海面接觸時產生太大的衝擊，引起誤爆。接觸海面之後則會沉入海中，在感測器捕捉到目標之前維持這個狀態。Mk62與Mk63的尺寸，跟加裝減速翼的Mk80系列幾乎相同，F-35可以將這些兵器收納在機身內的武器艙。

活用Mk82那500磅（227公斤）的彈體所改裝的Mk62迅擊兵器。為了降低撞擊水面時的衝擊，在尾部加裝與遲緩型炸彈相同的展開式減速翼。（照片提供：美國空軍）

航空機關砲

　　在美軍的三個兵種之中，只有美國空軍要求必須在機身內配備固定武裝，海軍跟海軍陸戰隊都決定採用在機外追加莢艙的方式。因此在3種類型的F-35之中，只有F-35A在機身內部配備機砲。

　　F-35A所裝備的機砲，經過幾次研究之後決定是口徑25毫米的GAU-22／A。這是用美國海軍陸戰隊的AV-8B海獵鷹II與空軍的AC-130空中砲艇所裝備的GAU-12／U平衡者機砲，所修改出來的F-35專用的發展型。像加特林機砲一樣將複數砲管集中在一起的構造基本沒有不同，但砲管數量從GAU-12／U的5根砲管，減少到GAU-22／A的4根砲管。這個修改是為了減輕重量，並且提高射擊精準度。射擊速度從GAU-12／U的每分鐘3600發（最大4200發），減少到每分鐘3300發。最低射程2700公尺以下，最大射程4300～4600公尺，攜帶彈數180發。機砲本身的重量為104公斤，裝滿彈藥時也只有238公斤。F-35A將機砲裝備在機身左舷的主翼根部，跟F-22一樣，不使用的時候會將砲口部位掩蓋起來，以維持匿蹤性。

　　F-35B／C所使用的機砲，則由GAU-22／A的製造商，通用動力公司來研發莢艙。正式名稱為任務火砲系統（MGS），莢艙內部使用的機砲與F-35A一樣是GAU-22／A。

　　裝備部位是機體中央下方的懸掛點，流線形的掛架與機砲莢艙一體成型，掛架的角度稍微往後，讓莢艙的位置盡可能往後方移動。這樣

可以避免機砲莢艙與武器艙的艙門互相干涉，就算武器艙雙方的艙門完全開啟，也能容納於兩道艙門之間。莢艙內可收納的彈數比F-35A更多，有220發，但射擊速度則是降到每分鐘3000發。MGS在2009年7月由F-35B的2號機予以裝備，來進行震動測試，2010年完成初期評估作業，研發用的兩具系統都在2010年7月之前移交給洛克希德‧馬丁，預定將會進行射擊測驗。

在機體中央下方的懸掛點裝上MGS機砲莢艙的F-35B。內部機砲與F-35A的種類相同，是25毫米GAU-22／A四連裝機砲。左上是MSG莢艙的特寫。

（照片提供：洛克希德‧馬丁）

　目前 F-35 的武器艙，只在天花板與內側艙門根部這兩個位置設有懸掛點。在天花板搭載 JDAM 導引炸彈，艙門根部搭載 AMRAAM 空對空飛彈，將會是標準的運用方式。不過為了活用武器艙的容量來搭載更為多元的武器，目前已經展開增加懸掛點來攜帶更多裝備的研究。除了將天花板的懸掛點增加為兩處，還會在艙門根部裝備二連裝的掛架，外側艙門內部也將增設懸掛點。這種設計可以讓 F-35 如同下圖一般，隨著任務需求來搭載各種不同的武器。

標準

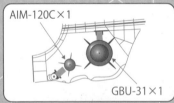

AIM-120C×1

GBU-31×1

空對空

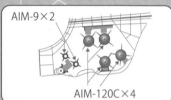

AIM-9×2

AIM-120C×4

空對地

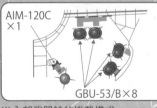

AIM-120C
×1

GBU-53/B×8

多目的

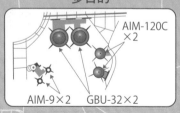

AIM-120C
×2

AIM-9×2　　GBU-32×2

※ 內部武器艙的掛載模式

第 5 章

F-35的部署國

F-35計劃將外銷給許多國家,除了美國之外,也有已
經決定採用的國家存在。在此將介紹各國軍隊對於
F-35的部署計劃,以及正在考慮中的國家。

美國空軍

　　美國空軍對於聯合攻擊戰鬥機（JSF）的定位，是F-16戰隼與A-10雷霆II的後續機種，初期預定配備的機數在2400架以上，現在則是變更計劃，預定配備1763架的一般起降（CTOL）型。某一時期還考慮用短距離起飛垂直降落（STOVL）型來取代A-10，但現在則是統一成F-35A。

　　目前F-35還處於研發階段，但在2006年的會計年度中已經開始排定預算，以低速初期生產（LRIP）的方式開始製造量產型的機種。在2010年的年底之前已經簽下4個年度（LRIP 1～4）共63架的契約，其中給美國空軍的F-35A有24架。LRIP 1所簽訂的2架F-35A已經完成，1號機在2011年2月25日，2號機在3月4日首次飛行。LRIP契約會持續到該機種進入實用階段。在F-35的場合，則是一直到初始作戰能力（IOC）這個限制性的實戰階段之前，都會用LRIP體制來進行製造。之後再以多年度配備計劃（MYP）來進入完整效率量產體制（FRP）。目前在美國空軍內部，F-35預定要到2016年才有辦法進入IOC的階段（已經出現延後的可能性）。因此F-35進入FRP量產的時期，也將在會計年度2016年之後，不過也有計劃在LRIP期間增加每年製造的機體數量，讓LRIP後期的總機數超過150架（包含F-35B／C在內）。LRIP雖然稱為低速（低效率）生產，但卻有著大規模的生產體制，與其他機種進入實用階段的生產體制沒有不同。

　　美國空軍之中第一個部署F-35的部隊，是佛羅里達州艾格林空軍基地的第33戰鬥航空團。這個部隊屬於空軍戰鬥司令部的實戰部隊，配備有F-15C／D。在被指定為F-35的訓練部隊之後，則改成航空教育訓練部隊。航空團指揮下的飛行隊，則一樣是第58戰鬥飛行隊。LRIP 1所製造的2架量產機，在垂直穩定翼印有「EG」兩個字母，代表部署於艾格林（Eglin）空軍基地，1號機另外還印有代表飛行隊的「58FS」，2號機則印有代表航空團的「33FW」。在艾格林空軍基地之後預定部署的地點，則是有南卡羅萊那州的肖空軍基地、麥金太爾國民兵基地、沖繩縣嘉手納基地。

繼SDD機之後製造的F-35，移交給美國空軍的LRIP 1號機、2號機。垂直穩定翼印有代表配備部隊的「EG」與代表部隊名稱的「33FW」。

（照片提供：洛克希德・馬丁）

美國海軍陸戰隊

　　美國海軍陸戰隊預定會引進STOVL（短距離起飛垂直降落）型的F-35B，來取代F／A-18大黃蜂與AV-8B海獵鷹II。部署的數量，只有發表海軍跟海軍陸戰隊加在一起將是680架。不過JSF計劃當初美國海軍所要求的數量為480架，這個要求離現在的430架並沒有太大的距離，因此給海軍陸戰隊的數量應該是在250架左右。在JSF計劃初期，海軍陸戰隊要求的數量是609架，可說是遭到大幅的刪減。只是在2010年末期，美國海軍陸戰隊所擁有的F／A-18為200架多、AV-8B為142架（包含複座型），雖然比兩者加起來要少了100架左右，但250架可以說是合理的數字。

　　要用同一機種來替換一般起降（CTOL）的F／A-18與垂直／短距離起降（V／STOL）機的AV-8B II，AV-8B在作戰需求上必須擁有V／STOL機能，因此海軍陸戰隊強烈的要求JSF必須具備STOVL能力。若沒有在新型戰機計劃的初期階段就決定要研發STOVL型，海軍陸戰隊將不可能妥協參與，統合三軍機種的JSF計劃也無法被實現。另一方面F-35B卻因為複雜的STOVL推進系統而讓研發作業不斷落後，讓美國國防部長羅伯特·蓋茨對F-35B舉出黃牌，在2011年1月6日表示「在測驗中面臨重大問題」，如果無法進行修改來解決這些問題，或是作業不如預期停擺超過兩年，則會中止F-35B的研發作業。如果F-35B可以持續進行研發、製造，進入IOC階段的時期也不會是在2012年。

　　F-35B的量產機數量，在LRIP 2為6架、LRIP 3為9架、LRIP 4為17架，總共訂下32架的契約。其中LRIP 3的2架跟LRIP 4的1架屬於英國，配備給海軍陸戰隊的數量為29架。但就如同上一頁所說明的，F-35B在研發階段發生問題，LRIP 4要給海軍陸戰隊的F-35B也從16架減少到3架，讓整個LRIP的生產機數降到26架。

　　F-35B的研發作業若是可以按照計劃進行，第一個進行部署的部隊將是美國海軍陸戰隊的VMFAT-501「Warloads」。F-35計劃會將各個軍種的訓練部隊整合在一起，因此VMFAT-501部隊將來也會部署在艾格林空軍基地。

啟動後燃器來進行短距離起飛的F-35B。照片內是SDD階段的F-35B 4號機（BF-4），是F-35之中第一架裝備雷達來飛行的機體。　　（照片提供：洛克希德・馬丁）

美國海軍

　　美國海軍計劃將會引進430架左右的艦載（CV）型F-35C，成為F／A-18A～D大黃蜂的後續機種。美國海軍基本上會將作戰機體部署在航空母艦，編制成由各個空母來進行運用的艦載機聯隊（CVW）。CVW會由戰鬥機飛行隊與攻擊機飛行隊（現在統合成戰鬥攻擊飛行隊）、電戰飛行隊、預警機飛行隊、直昇機飛行隊所構成，除了幾個特例之外，戰鬥攻擊飛行隊會由1個F／A-18E超級大黃蜂小隊、1個F／A-18F超級大黃蜂小隊、2個F／A-18A或是C大黃蜂小隊等4個部隊來組成。F-35C預定會跟這4個小隊中的2個大黃蜂部隊進行替換，在F-35C實戰部署之後，CVW的打擊戰鬥力將會是2個超級大黃蜂小隊與2個F-35C小隊。

　　美國海軍的目標是讓10艘航空母艦處於全時備戰的狀態，因此也須要10個CVW聯隊，以此計算將會須要20個由F-35C所構成的小隊。戰鬥攻擊機1個小隊的配備機數據說是12～14架，光是這樣就會須要240～280架的F-35C。另外加上訓練、後備、將來替換所須的機體總共會在400架前後，跟海軍當初發表的430架相差無幾。

　　考慮到海軍進行替換的時期，F-35C是三種類型之中最後進行研發的機體。在系統研發與實踐階段（SDD）所製造的機體之中，3架F-35C也是在後期才著手進行製造，而在初期量產階段的LRIP 1～3則是連1架都沒有出現。

　　不過關於F135引擎，在已經簽訂的第4批生產契約之中，包含有要給4架F-35C使用的5具引擎，這4架將在LRIP 4進行生產，並且會是F-35C第一批進行量產的機體。

　　在目前這個時間點上，F-35C跟空軍的F-35A一樣，把目標定在2016年進入IOC階段，但很有可能得延期。身為訓練部隊在海軍之中第一個配備F-35的單位，將是VF-101「Grim Reapers」，跟海軍陸戰隊一樣將會部署於艾格林空軍基地。F-35雖然是多功能戰機，但海軍所使用的部隊名稱一樣是代表戰鬥飛行隊的「VF」。

海軍用的CV規格F-35C。在美國今後的CVW之中，基本的作戰編制會是組合F-35C與F／A-18E／F，標準的CVW將會編制各兩個飛行小隊。

（照片提供：洛克希德‧馬丁）

英國

　　英國研發出獵鷹這款世界第一架實用型的垂直／短距離起降（V／STOL）戰鬥機，並在1969年8月配備給空軍進行運用。它在後來發展出海軍用的海獵鷹，以及由美國接手改良的AV-8B海獵鷹II。當英國空軍的第一代獵鷹戰機壽命將盡時，英國政府決定引進海獵鷹II來當作後續機種。進入21世紀之後獵鷹戰機再次面臨汰換期，英國政府這次相中JSF計劃中STOVL型的F-35B，從計劃初期就親身參與。實際上英國海軍所使用的海獵鷹在2006年3月退役，之後一直與空軍共同使用獵鷹GR.7／9，因此急需F-35B來進行替補，計劃要在2014年後半進行實戰性配備。此時所計劃的配備數量為150架，其中海軍60架，空軍90架。

　　可是英國政府在2010年10月19日發表了「戰略國防・安全的重新審核計劃」，在新的國防策略之中空軍的獵鷹GR.7／9將比預定還要更早，在2011年4月退役，並且不會配備後續機種。獵鷹GR.7／9在2010年12月15日由英國空軍進行最後的飛行，2011年1月28日正式解散空軍跟海軍的飛行部隊。就這樣英軍失去了引進STOVL機的必要性，但採用F-35的計劃維持不變，只是將配備機種換成艦載（CV）型的F-35C。這個決定是因為英國海軍預定引進一般型的航空母艦，F-35C將可在此發揮功用，而空軍跟海軍使用同一機種將比較有效率。雖然宣稱與F-35B研發作業觸礁無關，但英國政府應該也有掌握到相關

資訊，並當作判斷資訊之一。

英國發表的F-35C配備機數為138架，雖然沒有透露空軍跟海軍的詳細機數，但比率上應該沒有太大的變化。已經簽訂的LRIP契約之中，預定在LRIP 3會有2架、LRIP 4有1架F-35B是要製造給英軍使用。這幾架F-35B還是會在完成之後交付給英軍。雖然不清楚英國會如何運用這只有3架的F-35B，但應該會是當作研究用的機體。

預定要給英國的F-35B想像圖，由預定購買的各國畫家繪製。在這個時間點上英國預定購買的機種為F-35B，現在則是改成F-35C。　　（照片提供：洛克希德‧馬丁）

義大利

　　義大利與英國一樣，預定讓空軍跟海軍配備F-35，目前的計劃是讓空軍採用CTOL型的F-35A與STOVL型的F-35B，海軍採用STOVL型的F-35B。數量為F-35A 69架，F-35B 62架，其中空軍與海軍的分配數量不明。不過海軍的需求據說是26架左右，如果這個情報正確的話，空軍用的F-35B將是36架，配備給空軍的總機數為105架。

　　義大利空軍預定會用F-35A來取代龍捲風戰鬥機，F-35B取代AMX攻擊機。義大利空軍在2004年開始引進歐洲戰機颱風做為次世代戰鬥機使用，包含15架複座型在內，總共會配備121架（有可能刪減）。歐洲戰機颱風本身雖然是架多功能戰機，但在義大利軍內部主要擔任防空任務，因此必須要有其他著重於打擊能力的新型戰鬥機。目前義大利空軍擁有70架龍捲風戰鬥機（15架為電戰型），43架AMX（其他還有12架複座型的訓練機），包含訓練部隊在內有3個龍捲風戰鬥機的飛行部隊（加上1個電戰部隊），4個AMX部隊。F-35A／B的配備數量為105架，因此很有可能會將歐洲戰機以外的所有實戰部隊都替換成F-35。

　　義大利海軍擁有加里波底號、加富爾號這兩艘簡易型的航空母艦，艦載機配備有AV-8B海獵鷹Ⅱ（包含2架複座型在內共18架），預定將會用F-35B來替換這些機體。

　　在前面標題也說過，目前F-35B的研發作業遇到問題，但義大利海軍

並沒有因此變更計劃。若是F-35B勒令中止，簡易空母將沒有任何可以替換的STOVL機，勢必面臨不小的問題。

　　義大利所要引進的131架F-35，將會在義大利國內進行最後組裝作業與檢查（FACO），相關業務由阿萊尼亞公司負責。預定配備F-35的國家之中，只有義大利可以在自己國內進行最終組裝作業，目前並不確定往後是否會有其他國家跟進。

義大利軍F-35的想像圖。下方為F-35A，上方為F-35B。義大利配備F-35B的計劃並沒有因為研發作業遇到困難而變更，要是順利實現的話，將是美國之外唯一配備兩種類型以上的國家。　　　　　　　　　　　（照片提供：洛克希德‧馬丁）

荷蘭

荷蘭計劃要引進85架CTOL型的F-35A，來取代空軍目前配備的F-16戰隼。荷蘭是在1970年代，與比利時、丹麥、挪威一起決定要引進F-16來成為新型戰機的NATO（北大西洋公約組織）4國之一，給自國與挪威使用的部分機體在國內進行製造。

荷蘭所引進的F-16總共213架，其中單座式的F-16A 177架，複座式的F-16B 36架，最後一架機體在1992年2月交付。1990年代展開中期壽命升級（MLU）計劃來為這些F-16提升能力。當初預定對170架機體進行MLU修改，隨著冷戰結束減少到139架（F-16A 114架、F-16B 25架）。經過MLU修改的機體被稱為F-16AM／BM，跟美國空軍的F-16C／D Block 30／32有著幾乎相同的能力。荷蘭政府在2003年決定將F-16的數量刪減25％，讓荷蘭空軍所擁有的F-16減少到F-16AM 76架，F-16BM 11架。部隊則是維持311航空部隊、312航空部隊、313航空部隊（部署於Volkel基地），322航空部隊、323航空部隊（部署於Leeuwarden基地）等5個部隊，另外還有派遣到俄亥俄州Buckley空軍基地的306訓練部隊。

荷蘭也是急須要F-35來替換現行機種的國家之一，當初預定在2011年交付第一批，2012年交付第二批機體。

可是F-35的系統研發與實踐階段（SDD）進行得不如預期，讓這些時間表也跟著延後，目前並沒有發表新的時間表。荷蘭空軍表示最慢

得在2023年完成部署計劃，荷蘭政府也在2009年通過測驗機體的預算，因此LRIP 3與LRIP 4各含有1架移交給荷蘭的F-35A，目前已經展開製造作業。另一方面預定在2012年交付的量產機則不得不延後，再加上2010年6月的選舉讓荷蘭政權交替，結果樹立了中道右派的聯合政府。執政黨屬於少數派，所以是否能在F-35正式量產契約簽署期限的2012年之前整合內部意見，也是問題之一。

荷蘭空軍F-35A的想像圖。繼美國、英國之後決議購買F-35的荷蘭，LRIP 4的製造契約內有2架F-35A是要給荷蘭空軍。　　　　　　　　（照片提供：洛克希德・馬丁）

澳大利亞

　　澳大利亞空軍在1999年5月成立「Project・Air 6000」計劃，開始尋找F-111與F／A-18A／B大黃蜂的後續機種。經過初期調查美國的JSF得到最高的評價，在2001年10月洛克希德・馬丁進入系統研發與實踐階段（SDD）之後，澳大利亞也決定在1年後參與SDD作業。不過F-35實用化的時期與F-111退役的時間有落差存在，為了防止空窗期出現，澳大利亞空軍必須另外配備F-111的後續機種，因此在2007年3月訂購了F／A-18F超級大黃蜂來替換F-111，數量也只有交替用的24架。F／A-18F在2010年3月開始交付給澳大利亞空軍，F-111則是在2010年12月全數退役。

　　剩下的F／A-18A／B則是按照原定計劃，由F-35來進行替換，預定數量為100架。因為國土面積廣大，澳大利亞政府當初考慮的是續航力較高的F-35C，但發現F-35A也具備充分的能力，現在改成全數配備F-35A。澳大利亞政府首先在2009年11月通過了第一批14架機體的預算，32億澳幣（約900億台幣）。此時澳大利亞空軍表示將在2014年領取前兩架機體，為了讓駕駛員進行訓練，會將前10架F-35A寄放在美國幾年。

　　只是F-35的計劃出現延誤，澳大利亞空軍領取機體的時間也不得不往後延。澳大利亞政府接著簽訂在2012年購買52架的契約，以這66架來編制3個飛行部隊與訓練部隊。要是F-35在這之後的作業可以加

F-35 LIGHTNING II

快速度，預測將在2018年配備於威靈頓空軍基地達成初始作戰能力（IOC），在2021年完成3個實戰飛行部隊的編制。剩下的34架將在這些步驟完成之後進行訂購，推測應該會用這些機體再編制1個作戰部隊，或是當作備用。澳大利亞空軍的F／A-18飛行部隊，除了訓練之外編制有3個部隊，因此追加的1個部隊很有可能會取代預定在2020年退役的F／A-18F。

澳大利亞空軍F-35A的想像圖。國土面積廣大的澳大利亞曾經考慮續航力較佳的F-35C，但最後還是選上標準型的F-35A。　　　　　（照片提供：洛克希德・馬丁）

加拿大

　　除了從系統研發與實踐階段（SDD）的一開始就參加JSF計劃的英國之外，加拿大是最早決定參加JSF計劃的國家，在2002年2月7日以等級3的身份參與。加拿大軍預定會引進65架CTOL型的F-35A，來取代目前正在運用的CF-188A／B大黃蜂。這項決定來自加拿大政府的次世代戰鬥機能力調查計劃，在調查各種新世代戰鬥機之後，考慮到美國與NATO諸國運用上的共通性，選中F-35A。

　　CF-188由加拿大軍在1982年開始配備，引進98架單座型的CF-188A與40架複座型的CF-188B，冷戰時期不只是國內，還派遣部隊駐守於當時的西德。進入2000年代之後則是分成2個階段來展開近代化改裝，在2010年3月完成所有作業程序。據說隨著冷戰結束，實際改裝的機體只有單座型的61架與複座型的18架，考量機體壽命與性能，這些機體應該就是加拿大軍今日的航空戰力。這79架大黃蜂戰機分別部署於第三航空聯隊指揮下的第425飛行隊（魁北克Bagotville基地）、第4航空聯隊指揮下的第409飛行隊、第410飛行隊（亞伯達Cold Lake基地）等3個部隊，其中第410飛行隊屬於訓練部隊，因此實際上的作戰部隊為425飛行隊跟409飛行隊。

　　加拿大政府在2008年5月決定購買F-35A，預定在2012年正式簽訂購買契約，但隨著景氣低迷與加拿大國防部對F-35計劃的重視性降低，據說很有可能會延後。

　　再加上F-35的研發作業不如預期，加拿大政府當初預定的2015年或2016年開始配置，2018年完成初始作戰能力（IOC）的計劃也勢必遭到延誤。另一方面CF-188很有可能在2017年就陸續退役，必須在運用上想辦法延長壽命。

　　加拿大軍預定會用F-35A直接替換CF-188，配備單位一樣是Bagotville基地第3航空聯隊與Cold Lake基地第4航空聯隊指揮之下的3個部隊。不過是否直接延用CF-188飛行部隊的編號則不清楚。

加拿大軍F-35A的想像圖。加拿大引進F-35A來替換CF-188A／B，將會維持同等規模的部隊。　　　　　　　　　　　　　　　（照片提供：洛克希德・馬丁）

丹麥

　　丹麥是在1970年代與荷蘭、比利時、挪威一起引進F-16的NATO四國之一，跟其他三個國家一樣對F-16進行中期壽命升級。為了調查F-35是否適合做為後續機種，在系統研發與實踐階段（SDD）以作業伙伴的身份參與計劃。丹麥在1980年引進51架單座式F-16A與13架複座式F-16B，總計64架，冷戰終結的同時縮減軍力，減少改裝機數，包含少數的複座型在內目前總共擁有30架F-16AM／BM。要替換這個規模的部隊，推測大約須要48架的新型戰機，而丹麥政府在2010年對外發表的數量為24～36架，實際購買的數量很有可能是跟F-16AM／BM相同的30架。丹麥空軍的F-16飛行部隊有Skrydstrupru基地的第727航空隊跟第730航空隊。

　　在參加SDD作業的各國事業伙伴之中，只有丹麥尚未決定是否購買F-35。最大的理由是F-35量產時間的延期與價格高漲。除了F-35，丹麥目前也對瑞典的JAS39鷹獅與美國F／A-18E／F超級大黃蜂等3個機種進行評估作業。當初預定在2009年6月決定採用哪個機種，但延後到2010年3月。在這段期間內調查F-16AM／BM的機體壽命，發現比預期還要多出2～4年，因此也將採用機種的發表時間延後到2014年。丹麥須要新型戰機的時期延後到2020年代初期，這讓量產時間不斷延後的F-35可以充分趕上替換時期，但價格方面的問題依然不變，引進F-35的可能性似乎不高。

F-35 LIGHTNING II

　　配備F-16的NATO四國之中，只有比利時沒有參加F-35的SDD作業。比利時一樣對自國的F-16進行中期壽命升級，目前擁有56架的F-16AM與13架的F-16BM。三個國家同時引進的這些戰機，當然會在同一時期面臨汰換期，因此比利時目前也正在尋找新型戰鬥機，從2018年開始最少須要45架的新型多功能戰機。F-35雖然是有力候補之一，但另外也考慮更進一步改造F-16與無人戰鬥機，為了能有效運用有限的預算，決定不參加F-35的SDD計劃。

丹麥空軍的F-35A想像圖。丹麥是SDD計劃的參加國中唯一還沒有決定要購買F-35的國家，據說不採用的可能性很高。　　　　　　　　（照片提供：洛克希德‧馬丁）

挪威

　　身為一起配備F-16的NATO四國之一，挪威設立未來戰機計劃來審核F-16的後續機種，在2008年1月要求各製造商進行限制性的情報提供。對此，紳寶（JAS39C鷹獅）、歐洲戰機（颱風）、洛克希德・馬丁（F-35）分別進行提案。為了取得F-35更為詳細的資訊，挪威政府在2002年6月以等級3的身份參加SDD作業。對各國提案進行審查之後，在2008年11月發表結果，選定F-35A。政府對於這個結果的說明為「候補機種內只有F-35完全滿足政府所提出的運用需求」。經費方面，比較機體造價，F-35A是JAS39C鷹獅的將近2倍，但若是比較運用30年下來的壽命週期成本（Life Cycle Cost），鷹獅也是最少須要30億美金（約875億台幣）的高額成本。挪威國會在2011年6月通過了購買4架F-35A的預算。

　　挪威空軍在1980年引進60架F-16A與14架F-16B，後來將47架F-16A與10架F-16B改裝成F-16AM／BM來持續進行運用。配備的部隊有Bodo空軍基地第132航空聯隊旗下的第331航空部隊、第332航空部隊，Orland空軍基地第138航空聯隊旗下的第338航空部隊等3個單位。各個部隊都以防空、反船艦為主要任務。對於後續機種的F-35A，當初預定的購買機數為48架，現在則是增加到56架，計劃將以此來維持3個航空部隊的戰力。

　　目前挪威政府正在重新審核空軍基地的基層構造，今後將會決定是

否跟F-16一樣部署於兩個基地，還是集中在其中一個地點。

　　決定引進F-35A的時候，挪威政府訂下於2016年到2020年之間接收所有機體的計劃。但隨著F-35研發作業上的延誤不得不重新審核計劃，目前尚未發表新的預定。另一方面，F-16AM／BM預定會在2016年開始退役，空軍勢必得用結構性修改、增加深度維修的次數、減少運用次數等方法來延長服役期限，配合F-35的生產日期來進行替換作業。

挪威空軍F-35A的想像圖。預定用56架F-35A來取代F-16AM／BM，在決定配備的SDD加盟國之中數量最少。　　　　　　　　　　　　（照片提供：洛克希德・馬丁）

土耳其

目前土耳其空軍所擁有的戰鬥機有170架F-16C、41架F-16D、40架F-4E、48架F-4E 2020。其中F-16C／D目前也還在土耳其國內進行生產，從2011年到2013年，將會再交付14架F-16C與16架F-16D給土耳其空軍。F-4E則是從1973年開始引進182架，其中54架變更雷達，並搭載與F-16同等的電子儀器來改良作戰能力。修改後的類型被賦予F-4E 2020的代號，與終結者這個暱稱。後方的數字「2020」，則代表可以服役到2020年前後，而這同時也代表包含沒有修改的F-4E在內，土耳其空軍必須在這個時期以前找到後續機種。土耳其政府決定要用F-35A來進行替換，在2002年7月以等級3的事業伙伴加入SDD作業，並在2007年1月表示已經交出參與生產、維護與後續研製（PSFD）的承諾書，加深與F-35計劃的關聯性。目前土耳其空軍在Eskihisar基地的第1主噴射基地之下有第111航空部隊（F-4E 2020）與第112航空部隊（F-4E），在Konya基地的第3主噴射基地之下有第132航空部隊（F-4E 2020），在Malatya Erhac基地的第7主噴射基地之下有第171航空部隊（F-4E 2020）等共4個部隊在運用F-4E，計劃會將這100架戰鬥機全數換成F-35A。土耳其空軍希望可以在2014年到2023年領取F-35A，但似乎無法準時完成。

土耳其對於自國航空產業的培育跟發展相當重視，F-16 C／D在自己國內進行生產，對於F-35A也要求必須部分性的由自國製造。

其中一環是2007年2月由諾斯洛普‧格魯曼與土耳其航天工業（TAI）交換了中央機身製造要點的文書。這代表由諾斯洛普‧格魯曼所生產的F-35的部分中央機體，將由TAI製造、交付給洛克希德‧馬丁。之後簽訂正式契約，將有400架的中央機身交由TAI製造。另外則是F135引擎，由普惠公司與土耳其各家廠商進行協調，討論扇葉與轉軸的零件是否能在土耳其國內製造。

土耳其空軍的F-35A想像圖。土耳其希望機殼與一部分的引擎可以在國內製造，企圖聯繫F-35與國內航空產業的發展。　　　　　（照片提供：洛克希德‧馬丁）

以色列

　　在F-35的SDD作業之中，最低參與等級是安全合作成員（SCP），以這個身份進行參與的以色列在2010年8月由國防部長發表將會購買F-35A。其目的是為了替換以色列空軍所使用的（以色列代號Nets），一開始表示會先購買20架，現在則是減少到19架。以色列在1980年開始引進125架F-16A／B，其中單座型（F-16A）103架、複座型（F-16B）22架，目前仍然有88架單座型與16架複座型處於運作狀態，替換這些機體預估將會須要75架的F-35A。另外則是F-16C／D（以色列代號Barak），F-16C引進81架目前運作中的機數75架，F-16D引進54架目前運作中的機數46架，這些在不久的將來也會須要替換機種。據說以色列希望也能用F-35來進行替換，要是可以實現，以色列空軍將會配備200架規模的F-35A。

　　以色列在2006年就開始討論F-35A是否有可能成為Nets的後續機種。只是當時以色列所預估的單價為5000萬美金（約14.6億台幣），在F-35價格高漲之後，以色列開始評估是否可以將內部儀器換成以色列的製品，來把造價壓低到預算之內。例如將諾斯洛普‧格魯曼製造的AN／APG-81主動電子掃瞄陣列（AESA）雷達，換成IAI（以色列氣工業）製造的AESA雷達。可是這樣不但無法降低造價，反而還會因為額外的研發費用而增加成本。

　　最後決定初期訂購的19架基本上會與美國空軍採取同樣的規格，不

會裝備以色列製造的系統跟電子儀器。只是今後若是追加訂購，還是
有可能會考慮以色列的裝備。這次訂購的19架F-35A，單價據說是在
1億3500萬美金（約39億4000萬台幣）前後。以色列希望能在2015
年～2017年開始接收，是否能如預期還屬未知數。

以色列計劃用F-35A來取代早期的F-16A／B（Nets），預定引進75架，不過配備數
量很有可能會增加。　　　　　　　　　　　　　　　　　　（照片提供：以色列空軍）

潛在性購買國家

　　除了到此為止所介紹的各個國家，其他還有許多正在討論是否採用F-35的國家。讓我們在此簡單的介紹一下。

◇希臘：希臘一度決定要購買60架歐洲戰機颱風，配備給空軍當作新型戰機使用，但卻因為財政上的困難而讓計劃回歸到白紙。目前除了颱風之外，還有F-35A與F／A-18E／F超級大黃蜂進行提案，但何時決定完全沒有頭緒。

◇韓國：引進F-16C／D、F-15K在戰鬥機方面不斷升級的韓國，但就整體來看還有許多F-4E與F-5E都須要替換，因此預定還會引進新世代戰機。其中有力的候補為F-15SE、歐洲戰機颱風、F-35A，將在今後選定替換機種。

◇新加坡：跟以色列一樣以SCP的身份參與SDD作業，討論是否引進F-35A來替換20架F-5S與F-16C／D等共60架的機體。只是在這個場合，將會須要高額的經費才有辦法維持同樣的數量，因此可能會在2013年先通過替換F-5S的預算。

◇西班牙：身為歐洲戰機加盟國的西班牙，目前正在配備歐洲戰機颱風。只是在部署結束時，將會輪到F／A-18A／B須要替補的機體。目前並沒有計劃要追加歐洲戰機的配備數量，若要替換成別種戰機，F-35A無疑會是有力候補之一。

◇日本：日本防衛廳（國防部）在2004年12月發表航空自衛隊「F-4EJ

改」的後續機種計劃，預定在2009年之前選定機種，並開始訂購。可是在諸多原因影響之下作業嚴重進度落後，到現在也還沒有決定後續機種。國防部在2011年4月13日提出新型戰機的提案申請書，預定要在2011年末期決定配備機種。目前提案的機種有F／A-18E／F超級大黃蜂、歐洲戰機颱風、F-35A。基本上會在2016年配備42架來替換「F-4EJ改」的2個分隊。而日本產業界則是希望盡可能由國內企業製造。

（2011年12月12日，日本國防部發表將以採用F-35為基本方針）

F-35A印有新加坡空軍標誌的1比1模型。新加坡跟以色列一樣是用SCP的身份參與F-35計劃。　　　　　　　　　　　　　　　　　　（照片提供：青木謙知）

　　開發噴射戰鬥機必須要有先進的工業技術與高額的研究經費，不是所有國家在財政方面都有足夠的能力進行。因此美國、俄羅斯、中國等軍事強國為了維持、強化同盟國的國防能力，會提供戰鬥機來讓對方購買。美國以前也研發、販賣過F-5A～D自由鬥士與其發展型的F-5E虎式Ⅱ等外銷專用的機種。隨著戰鬥機性能越來越好，研發費用也水漲船高，因此與其研發外銷專用的機種，不如以自軍使用的同一機種來進行販賣，這樣不但更加合理，也比較受購買國家歡迎。其中最具代表性的是單引擎又較為廉價的F-16戰隼，前後外銷給24個國家。期待F-35在今後將可以成為取代F-16戰隼的熱門戰鬥機。

期待F-35將可以跟F-16一樣，成為熱門的外銷用戰鬥機。照片最下方的是約旦空軍的F-16A。　　　　　　　　　　（照片提供：洛克希德・馬丁）

F-35 LIGHTNING Ⅱ

第6章

F-35的競爭對手

除了F-35之外，各國正在研發、製造的戰鬥機不在少數。讓我們在此介紹將與F-35部署在同一年代，或是在同一市場、採用競賽中一較高下的各種新型戰機。

成都 FC-1

FC-1 規格

翼展9.47m（包含翼端飛彈）、總長14.97m、總高4.78m、主翼面積24.4m²、空重6411kg、最大起飛重量12474kg、引擎Klimov RD-93（乾燥推力49.4千牛頓、啟動後燃器81.4千牛頓）×1、最高速度馬赫1.6、實用升限15240m、作戰半徑1200km（空對空戰鬥）／700km（空對地戰鬥）

　FC-1的起源，是在1980年代中期策劃的殲擊7型改良方案「超七」計劃。大幅變更設計將機首的進氣口移到機體側面，並在1988年10月與美國簽訂提供雷達等電子儀器的契約。可是在1989年的天安門事件中，中國政府打壓民主自由、無視人權的態度讓美國單方面的解除契約，超七計劃也因此而觸礁。

　不過中國認為廉價的單引擎戰鬥機是相當重要的配備，因此持續進行研究，在1995年策劃出新型戰鬥機計劃來繼承超七計劃的內容，成為代號FC-1的戰鬥機。FC-1幾乎是全新設計，與超七計劃沒有多少相似之處。機首裝備大型的整流罩，進氣口位於機身左右兩邊，主翼前緣從此處延伸出去。水平穩定翼，在殲擊7型的場合是高於主翼的位置，FC-1則比主翼更低。這些都是為了提高運動性能所做的變更。在初期模型之中，進氣口裝備有一般的邊界層控制板，後來則是跟F-35一樣變更為無邊境層隔道的類型、機首內則是裝備以色列製造的IAI

EL／M-2032或是國產的KLJ-10多模式雷達，引擎是俄羅斯Klimov RD-33的授權生產版本RD-93。搭載武器的懸掛點有7處，可以裝備包含對地／對艦攻擊在內的各種兵器，並且可以運用精密導引兵器雷達。F-C是外銷專用的機體 中國的人民解放軍並沒有配備。

　　因為是全新設計，FC-1的研發作業進行了相當長的一段時間，一直到2003年8月25日才由1號機首次進行試飛。第一個購買的國家是巴基斯坦，在2007年3月開始交付。巴基斯坦空軍賦予它JF-17閃電的代號，計劃將會配備150架左右，目前則考慮增加到200～250架，並在國內製造一部分的機體。

由中國研發的外銷專用機FC-1，最大的特徵是廉價。被遮蓋擋住看不大清楚，不過進氣口跟F-35一樣是無邊境層隔道的類型。照片內是巴基斯坦空軍的JF-17。
（照片：青木謙知）

成都 殲擊10型

殲擊10型 規格（推測值）

翼展9.70m、總長15.50m、總高4.78m、主翼面積39.0m²、前置翼面積5.5 m²、空重9730kg、最大起飛重量18500kg、引擎Saturn／Lyulka AL-31FN（乾燥推力79.4千牛頓、啟動後燃器122.6千牛頓）×1、最高速度馬赫1.85、實用升限18000m、作戰半徑463～556km

中國在1986年1月獨自展開的單引擎戰鬥機研發計劃。機體構造組合無尾翼的三角翼跟前置翼，進氣口位於機體前方下面。這些基本構造與1980年代中期以色列所研發的獅式戰鬥機相同（獅式的基本設計以F-16為範本），情報指出因為獅式戰鬥機最終無法量產，讓技術人員轉到中國協助研發殲擊10型。中國官方則是完全否認這項消息。殲擊10型的1號機在1996年進行第一次飛行，2號機在1997年發生墜落事故，因此大幅變更設計。改變設計後的3號機在1998年3月23日首次飛行，中國官方把這當作殲擊10型第一次的飛行記錄。殲擊10型在2003年開始移交給人民解放軍，根據新華社的報導，量產型的殲擊10型A在2005年12月開始配備給實戰部隊。

引擎採用俄羅斯的Saturn／Lyulka AL-31FN渦輪扇葉引擎，機首雷達有多種說法，許多中國情報指出是國產的1471（KLJ-1）雷達。機外武器懸掛點有11處，最大搭載能力為4500公斤。

　　2006年改良型的殲擊10型B曝光，引擎變更為功率較高，具有推力偏向噴射口的AL-31FN M1，據說機首雷達改成被動式的電子掃瞄陣列雷達，另外也確認到擋風玻璃左右裝備有紅外線搜索追蹤裝置的機體。考慮到匿蹤性，進氣口去除邊界層控制板並讓中央鼓起，成為無邊境層隔道的類型。殲擊10型是中國實用化機體之中最先進的戰鬥機，配備數量每年都有增加，據說目前是在180架左右。2006年4月與巴基斯坦簽定外銷合約，預定將交付36架。巴基斯坦空軍賦予它的代號是FC-20。

中國獨自研發的J-10，雖然是單引擎機，但與西歐的新世代戰鬥機有著同樣的特徵。照片為改良型的J-10B，進氣口變更為無邊境層隔道的類型。

（照片提供：Chinese Internet）

成都 殲擊20型

殲擊20型 規格（推測值）

翼展約12m、總長約21m、總高約4.5m、主翼面積53m²、起飛重量的等級20000kg、引擎（試作機）Saturn／Lyulka 99M2（啟動後燃器時的推力等級137千牛頓）

　　2010年12月進行地面測試的照片在網路上大量公開，讓存在本身曝光的殲擊20型，由中國獨自研發的大型雙引擎戰鬥機。用無尾翼的三角翼來組合完全游動式的前置翼，再加上兩片垂直穩定翼，機體設計相當獨特。垂直穩定翼與機體本身相比較為小型，但與蘇凱T-50（參閱192頁）一樣是完全游動式，以此來確保舵翼的性能。機體前後長度相當大型，推測這為了在機體中央設置大型的武器艙，並增加機內可以搭載的燃料量，在機外不攜帶任何裝備的狀態下得到良好的作戰半徑。接近黑色的深綠色外觀，讓人推測是吸收雷達電波的特殊塗料，擁有高匿蹤性，但目前並不了解中國具備的匿蹤技術到什麼程度，不利於匿蹤性的前置翼，也是設計上值得令人懷疑的部分。

　　引擎據說正在研發啟動後燃器推力為176.5千牛頓級的WS-15渦輪扇葉引擎，不過似乎沒有趕上測試，試作機使用的是Saturn／Lyulka AL-31F的發展型99M2。關於引擎的噴射口，從試作機的照片看來並不具備推力偏向構造。

進氣口一樣是與F-35相同的無邊境層隔道設計。無邊境層隔道型的進氣口雖然可以確保機體的匿蹤性，但卻會影響戰鬥機的速度，讓最高速度降低，照理來說並不適合殲擊20型（雙引擎與三角翼都是高速機體的特徵）。試作機似乎沒有裝備雷達等電子儀器，據說量產型會使用中國獨自研發的1475型（KLJ5）主動式電子掃瞄陣列雷達（AESA）。

根據當初的報導，殲擊20型在2011年1月11日首次飛行，之後中國的空軍司令官發表這其實是第4次飛行，首次飛行是在2009年10月中旬。計劃將在2014年開始量產，2015年秋天開始配備給部隊。

2010年12月曝光的殲擊20型J-20，由中國研發的最新世代戰鬥機。看得出設計上相當意識到匿蹤性。 （照片提供：Chinese Internet）

ADA Tejas

Tejas 規格

翼展8.20m、總長13.20m、總高4.40m、主翼面積約38.4m²、空重6400kg、最大起飛重量9600kg、引擎 GTRE GTX-35VS（乾燥推力52.0千牛頓、啟動後燃器80.5千牛頓）×1、最高速度馬赫1.8、實用升限15240m以上

　　1983年在印度政府許可之下展開研發作業的國產戰鬥機Tejas（光輝）。當初被稱為輕型戰鬥機（LCA），在1988年訂下基本規格，但作業進度大幅落後，原本預定在1990年4月進行試飛的1號機，一直到10年後的2001年1月4日才升空。在這之後的研發作業也不斷遇到困難，量產型的1號機到2007年4月25日才第一次試飛，到2011年1月10日才終於開始配備給印度空軍，進入作戰體制。Tejas的登場時間跟當初預定相差15年以上，這段期間內基本設計與裝備都沒有改變，因此規格與能力都稱不上先進。不過它依舊是印度獨自研發出來的超音速戰鬥機，這點倒是不爭的事實。

　　Tejas的主翼是沒有尾翼的三角翼構造，前緣後退角內側緩緩彎曲，外側以陡峭的角度突然往後退，是擁有雙重角度的兩段式後退翼。在角度陡峭的部分配備有空戰襟翼來提高運動性。引擎的進氣口在主翼前緣內側下方，機身兩側的位置，是簡單的固定式構造。引擎一樣由印度獨自研發，啟動後燃器的推力為80.5千牛頓的GTX-35VS Kaveri

渦輪引擎，不過研發用的測試機所裝備的是通用動力的F404。

　　機首雷達一樣是由印度自己研發，但作業進行得並不順利，初期生產裝備的是以色列製造的雷達。國產雷達的實用化目前似乎還沒有任何頭緒，計劃本身甚至有可能遭到中止。機外的武器懸掛點有8處，搭載能力最高3650公斤。預定將可以運用空對空、空對地飛彈、各種精密導引炸彈。

　　Tejas是研發給印度空軍使用的機體，印度空軍預定配備200架左右（加上訓練用的20架）。根據印度空軍的發表，Tejas在2011年11月11日完成初始作戰能力（IOC）。印度海軍計劃將會配備40架艦上型的Tejas N。

印度獨自研發的三角翼單引擎戰鬥機。研發作業進度大幅落後，一直到2011年1月10日才完成初始作戰能力。　　　　　　　　　　（照片提供：ADA）

MIG 米格-35「支點F」

米格-35 規格

翼展約15m、總長約19m、總高約6m、空重17500kg、最大起飛重量29700kg、引擎Klimov R-33MK（乾燥推力53.0千牛頓、啟動後燃器88.3千牛頓）×2、最高速度馬赫2.3、實用升限18900m、續航力2000km

試作機在1977年10月6日首次飛行，1983年配備給當時蘇聯空軍的是雙引擎戰鬥機米格-29「支點」，而這架米格-35則是它的最新改良型。基本造型與米格-29相同，數位式線傳飛控系統則是延用米格-29M的規格。

米格-35跟米格-29系列最大的不同，是搭載全新的電子儀器，並將雷達更換成主動式電子掃瞄陣列（AESA）型的Phazotron Zhuk AE雷達，另外還將紅外線搜索裝置（IRST）變更為全新設計的光學定位系統（OLS），還在主翼兩端備有雷射探測裝置。Zhuk AE雷達可以用160公里的距離捕捉空中的目標、300公里的距離捕捉海上目標，空對空模式具備同時追蹤複數目標、同時與複數目標交戰的能力，空對地模式追蹤複數目標之外，還能用高解析度來捕捉地面影像。另一個感測器OLS一樣可以用在空中與地面的目標上，對空時就算目標沒有啟動後燃器，也能在45公里外的距離進行探測，推測可以在8～10公里的距離識別目標。對地時，可以用15公里的距離捕捉戰車大小的目標，

60～80公里捕捉航空母艦大小的目標，識別距離據說是戰車8～10公里、航母40～60公里。

OLS共享紅外線跟影像感測器，兩者除了分別進行偵測，還能共同運作來進行搜索。感測器位於機首擋風玻璃前方，跟右邊進氣口下方。

引擎的Klimov RD-33MK啟動後燃器的推力為88.3千牛頓，用三次元推力偏向噴射口來實現高水準的運動性能。研發這具引擎跟噴射口時，特別製造了米格-29OVT這架測驗機來進行飛行實驗。武裝懸掛點跟米格-29一樣是9處，另外還研發有複座型的米格-35D。俄羅斯目前正在用米格-35向印度空軍進行提案，基本上應該是外銷用的機體，但也有消息指出俄羅斯空軍將來也有可能進行配備。

米格-29「支點」的改良版本米格-35「支點F」。似乎以外銷為重點來進行研發，但俄羅斯空軍也有可能配備。照片為複座式的米格-35F。　　　　（照片提供：MIG）

蘇霍伊 Su-30M ／ MK 「側衛F ／ G ／ H」

Su-30MKI 規格

翼展14.70m、總長21.94m（不包含機首探針）、總高6.355m、主翼面積62.0m²、空重17700kg、一般最大起飛重量34500kg、引擎Saturn／Lyulka AL-31FP（乾燥推力74.5千牛頓、啟動後燃器122.6千牛頓）×2、最高速度馬赫2.3、實用升限17300m、機內燃料續航距離3000km

    Su-30M是活用俄羅斯蘇霍伊航空集團所研發的大型制空、迎擊戰鬥機蘇愷Su-27「側衛」的機殼，來改造而成的多功能戰鬥機。機首裝備有最大探測距離100公里的N001 VE雷達，跟各種電子儀器來運用雷射導引跟影像導引式的空對地炸彈。發動機是Saturn／Lyulka AL-31F渦輪扇葉引擎，啟動後燃器的時候推力達到122.6千牛頓。

    Su-30M裝備有前置翼，Su-30MK系列則又加裝推力偏向噴射口來提高運動性能，是現在生產的主力機種。引擎代號變更為AL-31FP，但最大推力相同。Su-30MK最早製造的類型是外銷給印度空軍的Su-30MKI，在1997年3月開始交付，另外也在印度國內進行生產。給印度空軍用的機體分成4個階段來提高性能，當初擁有各別的代號，現在則是統一成Su-30MKI。

    給中國用的Su-30MKK，則是將Su30MK的雷達變更為追加空對地機能的N001VE，並加裝光電指標器的莢艙，在2000年12月開始移交給

人民解放軍。

　　Su-30MK2則是改裝成海軍用的類型，除了追加對艦攻擊能力，還可以攜帶M400偵查系統莢艙。據說雷達具有空對空與空對地雙方面的機能。另外也研發有Su-30MK3，將雷達變更為電子掃瞄陣列式的Zhuk MSE，最大起飛重量也增加到38000公斤。

　　馬來西亞空軍所配備的Su-30MKM基本上跟Su-30MKI相同，只是裝備南非製的警戒系統。阿爾及利亞空軍的Su-30MKA是以Su-30MK為基礎，並將部分電子儀器改成法國製。委內瑞拉空軍的Su-30MKV與越南空軍的Su-30MK2V，據說都跟中國海軍的Su-30MK2相同。

Su-30M系列是用Su-27「側衛」正式改造而成的多功能戰機。照片內是中國海軍配備有120架以上的Su-30MK2。　　　　　　　　　　（照片提供：Chinese Internet）

蘇霍伊 Su-35「側衛E」

Su-35S 規格

翼展15.30m、總長22.22m、總高5.90m、主翼面積62.0m²、空重18400kg、最大起飛重量34500kg、引擎Saturn 117S（乾燥推力86.3千牛頓、啟動後燃器142.2千牛頓）×2、最高速度馬赫2.25、實用升限18000m、續航距離3590km（低空飛行時）／4500km（最大）

　　蘇愷Su-35首先製造的類型，是在單座式的Su-27「側衛C」加裝前置翼來改裝而成的多功能戰鬥機，1988年6月28日由試作機進行飛行測驗。再來則又製作將引擎噴射口改成推力偏向，並提高電子儀器性能的Su-37。只是這兩種類型都沒有被實用化。

　　後來蘇霍伊航空集團在2006年11月進行發表，將在2007年讓新型的Su-35進行試飛，後來機體作業不如預期，到2008年2月19日才進行試飛，這個新型機種才是今日一般所指的Su-35。Su-35跟俄羅斯空軍簽訂45架的量產契約，得到Su-35M的代號（也有情報指出會是Su-27M）。

　　新型Su-35在機首裝備有被動式的電子掃瞄陣列雷達Irbis-E。這種雷達在空對空、空對地都擁有740公里的最大探測距離，對空時最高可以捕捉、追蹤30個目標，對地可以用高解析度來提供地面的地圖影像。再加上最新式的電戰系統、瞄準、導航裝置、頭盔式目標指示裝置、光學定位裝置等等，具有高水準的多功能作戰能力。

　　蘇霍伊還表示Su-35雖然繼承Su-27的機體設計，但追加了反雷達的高匿蹤性技術。引擎是改良AL-31F的Saturn 117S（啟動後燃器的推力為142.2千牛頓）。機身外部總共有12處懸掛點，可以搭載的武裝以外銷用的多功能戰鬥機Su-30M／MK（參閱188頁）為基準。讓空軍進行飛行測驗的機體預定會在2011年交付，並在2015年配備給作戰部隊，在T-50（參閱192頁）正式開始服役之前，與Su-27系列的各種類型一起擔任俄羅斯空軍的主力戰鬥機。

蘇霍伊研發的新世代蘇愷Su-35。繼承Su-27的基本設計，並改良雷達等電子儀器的性能。　　　　　　　　　　　　　　　　　　（照片提供：蘇霍伊航空集團）

蘇霍伊 T-50

T-50 規格（推定值）

翼展 14.7m、總長 20.8m、總高 5.1m、主翼面積 78.8m^2、空重 18500kg、最大起飛重量 24000kg（一般）～33000kg（最大）、引擎 Saturn 117S（乾燥推力 96.0 千牛頓、啟動後燃器 150 千牛頓）×2、最高速度馬赫 2 以上、實用升限 20000m、超音速巡航速度馬赫 1.6、作戰半徑 1200km

俄羅斯空軍在 2002 年 4 月指定蘇霍伊航空集團擔任 PAK FA（未來戰術空軍戰鬥複合體）計劃的研發企業，著手開發 T-50 戰鬥機。T-50 的主要目標是能夠與 F-22 相互抗衡，外觀的尺寸雖然比 F-22 大上一號，但基本組成非常類似，推測將可以兼顧高運動性與匿蹤性。主翼也是與 F-22 相似的梯形翼，前緣根部的延長要比 F-22 大上許多，這似乎可以跟機體後方兩具引擎之間較大的間隔，一起來形成升力，增加運動性與續航距離。對外發表的引擎是 Saturn 117S，具有三次元推力偏向系統。進氣口在主翼前緣根部延長的下方，是固定式的菱型。尾翼組合水平穩定翼跟 2 片垂直穩定翼，雙方都採完全游動式。

雷達將會裝備新研發的主動式電子掃瞄陣列（AESA）雷達，能力沒有對外公開，情報指出最大探測距離約 400 公里，可以同時追蹤 32 個空中目標，同時與其中 8 個目標交戰。

除了這個雷達之外，還會裝備用紅外線跟雷射來兼具紅外線追蹤機

能與雷射測距／指定目標機能，被稱為光纖量測（OLS）的感測器。
T-50與F-22相同，為了維持匿縱性基本上會將武器收納在機身武器艙
內。因此機身中央前後有兩個大型武器艙，左右腳架艙房的前面也各
有一個小型的補助武器艙。機外則是在主翼跟機身下方有6個懸掛點。
武器艙內據說可以收納空對空飛彈、空對地飛彈、精密導引兵器。T-50
的1號機在2010年1月29日首次飛行，似乎會在2015～17年進入量產
階段，開始將實用機移交給俄羅斯空軍。

蘇霍伊研發的最新世代戰鬥機T-50。目標是與美軍的F-22相抗衡。照片內是在
2011年3月3日首次飛行的2號機。　　　　　　　　　　（照片提供：蘇霍伊航空集團）

紳寶 JAS39獅鷲

JAS39 規格

翼展10.90m（包含翼端的飛彈發射器）、總長15.27m、總高5.34m、主翼面積45.70m²、空重9850kg、最大起飛重量24500kg、引擎SNECMA M88-2E4（乾燥推力48.7千牛頓、啟動後燃器72.9千牛頓）×1、最高速度馬赫1.8、實用升限16765m、作戰半徑1056km（低高度）／1760km（空對空）

　　1982年5月得到許可而開始研發，由瑞典獨自設計、製造的新世代戰鬥機JAS39獅鷲。研發重點是小型、輕量、廉價，並且可以用單一機種執行複數任務的優良成本效益。機體代號的JAS，分別代表瑞典語的Jakt（戰鬥），Attack（攻擊），Spaning（偵查）。前置翼、沒有尾翼的三角翼等等，有著跟西歐新世代戰鬥機共同的特徵，不過還是依照瑞典戰機的傳統，採用單引擎的設計。富豪航空公司所製造的RM12引起雖然是以通用動力公司的F404為基礎，但後燃器推力增加13％從71.2千牛頓提高到80.5千牛頓，乾燥推力也增加10％提高到54.0千牛頓。

　　主要感測器是愛立信研發的PS-05／A多功能脈衝都卜勒雷達，具有豐富的空對空、空對地機能。另外也計劃要研發主動式的電子掃瞄陣列（AESA）雷達，並裝備紅外線搜索追蹤裝置（IRST）。

　　機外的懸掛點是主翼下方2處，機身下方2處的總共6個部位。另外在翼端裝備有空對空飛彈專用的發射器。機身下方的懸掛點位於中心

線與右邊進氣口下方，左邊進氣口下方則是裝備機砲，因此無法搭載
武裝。進行偵查任務時，會在機體中央的懸掛點搭載偵察儀器的莢艙。

　獅鷲的試作1號機在1988年12月9日首次飛行，量產1號機則是在
1992年9月10日升空。最早的量產型為JAS39A（單座）與JAS39B（複
座）。複座型因為加裝後方座椅的關係沒有安裝機砲，除此之外武裝系
統與戰鬥能力都和單座型同樣。目前所製造的是改良過的JAS39C（單
座）與D（複座），另外也計劃研發更進一步提升能力，實施現代化修
改的獅鷲NG。

瑞典獨自研發的新世代戰機JAS39獅鷲。主翼下方搭載的是使用衝壓發動機的長程
空對空飛彈Meteor。　　　　　　　　　　　　　　　　　（照片提供：MBDA）

達梭 疾風戰鬥機

疾風C 規格

翼展10.90m（包含翼端的飛彈發射器）、總長15.27m、總高5.34m、主翼面積45.70m²、空重9850kg、最大起飛重量24500kg、引擎SNECMA M88-2E4（乾燥推力48.7千牛頓、啟動後燃器72.9千牛頓）×2、最高速度馬赫1.8、實用升限16765m、作戰半徑1056km（低高度）／1760km（空對空）

　　達梭航太所製造的疾風戰機，是1980年代從西歐共同戰鬥機計劃之中退脫的法國獨自研發的多功能戰機。除了前置翼、無尾翼的三角翼、雙發動機等西歐戰機共通的特徵之外，主翼前緣的後退角大約48度，後緣則有著些微的前進角。完全游動式的前置翼會隨著飛行狀況調整俯仰，腳架放下時會自動增加20度傾角來穩定降落飛行，並減低速度讓戰機可以用更短的距離停止。引擎是SNECMA研發的M88，最大乾燥推力為48.7千牛頓，啟動後燃器為72.9千牛頓。

　　機首裝備的雷達是被動式的RBE2電子掃瞄雷達。這種雷達會用單一收發元件來控制構成天線面的所有電子元件，無法像主動式雷達那樣同時使用複數模式，不過卻具有高速掃瞄、同時處理複數目標、製作高畫質影像、跟蹤／迴避地形等高水準的機能。目前正在研發主動式電子掃瞄陣列（AESA）雷達的RBE2 AA，預定將配置在2012年以後交付的機體上。

除了這款雷達之外，還具備前方光學感測器（OSF）這個紅外線搜索追蹤裝置（IRST）。OSF跟雷達一樣，具備長距離探測、追蹤複數目標、測量目標距離的能力。搭載武裝的懸掛點共有14處，海軍用的疾風M則是為了加裝掛鉤而減少為13處。

疾風系列首先製造了裝備F404引擎的技術展示機疾風A，並在1986年7月4日首次飛行，量產型的疾風C則是在1991年5月19日首次飛行。冷戰結束而讓配備時期跟著延後，在2000年9月首先由法國海軍編制部隊，在2006年6月法國空軍也跟著開始進行配備。

由法國獨自研發，組合三角翼跟前置翼的雙引擎多功能戰鬥機疾風。照片是空軍用的疾風C，正啟動SPECTRA防禦機制。　　　　　　　　（照片提供：MDBA）

歐洲戰機 颱風

規格：颱風戰機

翼展10.95m（包含翼端莢艙）、總長15.96m、總高5.28m、主翼面積51.2m²、空重11000kg、最大起飛重量16000kg（迎擊）／23400kg（最大負載）、引擎 Eurojet EJ200（乾燥推力60.0千牛頓、啟動後燃器90.0千牛頓）×2、最高速度馬赫2.0、實用升限16764m、作戰半徑602km（低高度對地攻擊）／1389km（防空）

英國、德國、義大利、西班牙等歐洲四國共同研發的新世代戰鬥機。颱風戰機是英國空軍跟外銷用的機體所使用的暱稱，在其他國家則是各有各的代號，為了方便在此統一用颱風來稱呼。颱風跟疾風戰機一樣是用沒有尾翼的三角翼來組合前置翼的雙引擎多功能戰機，引擎跟機體一樣是由四國引擎製造商共同設立的 Eurojet 所研發的EJ200渦輪扇葉引擎。乾燥推力為60.0千牛頓，啟動後燃器的推力為90.0千牛頓。

機首雷達也是由跨國企業的歐洲雷達所研發的多功能脈衝都卜勒雷達CAPTOR。最高可用160公里的距離來捕捉戰鬥機大小的目標，在測驗中以這個距離同時捕捉、追蹤20個空中目標（最大目標數沒有公開）。歐洲雷達另外還表示，將在2015年將同款雷達的電子掃瞄陣列（AESA）型CAPTOR E實用化。除了這個雷達之外，還在擋風玻璃前方裝有代號PIRATE的被動式紅外線搜索追蹤裝置（IRST），可以追蹤

空中與地面的目標，製造導航用的前方監視紅外線影像。

面對空中目標時，可以用大約148公里的距離進行探測，在35～40公里的距離識別目標。

主翼跟機身下方總共有13處武器懸掛點，主翼的翼端裝備有防禦支援子系統（DASS）的莢艙，無法用來攜帶武器。颱風戰機的測試用1號機在1994年3月27日首次飛行，量產規格的1號機則是在2002年4月5日第一次升空。2003年6月開始配備給歐洲戰機計劃的各個加盟國，另外也開始由奧地利跟沙烏地阿拉伯運用。

西歐四國共同研發的歐洲戰機。照片內是德國空軍的機體，在主翼下方搭載KEPD350遠程精密攻擊巡弋飛彈。　　　　　　　　　（照片提供：MBDA）

波音Ｆ／Ａ-18E／F
超級大黃蜂

規格：F/A-18E

翼展 13.68m（包含翼端飛彈、摺疊時 9.94m）、總長 18.38m、總高 4.88m、主翼面積 46.45m²、空重 14552kg、最大起飛重量 30209kg（陸地上起飛）、引擎 通用動力 F414-GE-400（乾燥推力 55.6 千牛頓、啟動後燃器 97.9 千牛頓）×2、最高速度馬赫 1.6、實用升限 15240m、作戰半徑 1750km（超高度攔截）、1472m（護航）

　　美國空軍的 F／A-18 大黃蜂戰機在 1978 年 11 月 18 日首次飛行，1980 年 11 月實戰部署，原本預定是要外銷的改良版本大黃蜂 2000 得到美國海軍的採納，進化成這款超級大黃蜂。它的基本構造繼承大黃蜂的設計，但整個機體加大了 20％左右，讓懸掛點跟攜帶重量增加，戰鬥力也更進一步提升。另外也讓翼前緣延伸面（LEX）大型化，大幅提升運動性。隨著大型化的機體跟增加的重量，引擎也換成推力更大的通用動力 F414-GE-400（乾燥推力 55.6 千牛頓、啟動後燃器 97.9 千牛頓）。為了讓大型引擎得到充分的氣流，進氣口的形狀從 D 字型改成菱型，這項變更另外也對超級大黃蜂的匿蹤性有所貢獻。進氣口之外的機體各個部位，也施加有提高匿蹤性的處置。

　　初期生產階段所配備的雷達與 F／A-18C／D 後期生產的類型相同，是機械天線的 AN／APG-73 多功能脈衝都卜勒雷達，不過從 2006 年 10 月開始量產階段進入 Block II，配備雷達也改成 AN／APG-79 主動式電

子掃瞄陣列（AESA）雷達。

　　裝備這種雷達的複座式F／A-18F，可以由前後雙方的駕駛員分別使用不同的雷達模式。另外還可以用莢艙來攜帶AN／AAQ-228先進空中標定前視紅外線（ATFLIR）系統。波音公司另外還發表了外銷用的「國際方案」，可以選擇性的加裝提高推力的引擎、全周飛彈／雷射警戒裝置、楔型機外油箱、密閉式武器莢艙、內部前視紅外線裝置、新世代駕駛艙等裝備。機外懸掛點有主翼邊緣各1處、主翼下方各3處、左右主翼進氣口下方、機身中心線下方等共11處，其中左右主翼邊緣是空對空飛彈專用的發射器。

美國海軍的主力艦上戰鬥攻擊機F／A-18E／F超級大黃蜂。下方是複座式的F型，上方兩架是單座式的E型。F-35C實用化之後F／A-18E／F依然會是主力機種，一起組成編隊來執行任務。　　　　　　　　　　　　　　（照片提供：美國海軍）

A

AAH（Advanced Attack Helicopter）: 先進攻擊直昇機。美國陸軍的新型武裝直昇機計劃,採用機種為AH-64阿帕契攻擊直昇機。

AARGM（Advanced Anti-Radiation Guided Missile）: 先進反幅射導引飛彈。HARM的發展型AGM-88E的名稱。

ACF（Air Combat Fighter）: 空戰戰鬥機。美國空軍的新型戰鬥機計劃,採用機種為F-16戰隼。

AESA（Active Electronically Scanned Array）: 電子掃瞄陣列。雷達的一種,用大量的帶電元件來構成天線面,各個元件裝備有獨自的收發模組。新世代戰鬥機幾乎都是配備這種雷達。

A／F-X（Next Fighter／Attacker）: 次期戰鬥攻擊機。NCAF計劃的前身。

AMRAAM（Advanced Medium Range Air-to-Air Missle）: 先進中程空對空飛彈。AIM-120的名稱。

AMRAAM
從F-15C發射的AIM-120C AMRAAM　　　　　　　　　　（照片提供:雷神）

ASTOVL（Advanced Short Take-Off and Vertical Landing）: 先進短距離起飛垂直降落（機）。研究AV-8B海獵鷹 II 後續機種的計劃。

ATF（Advanced Tactical Fighter）: 先進戰術戰鬥機。美國空軍的新型戰鬥機計劃,採用機種為F-22猛禽。

ATFLIR（Advanced Targeting Forward Looking Infra-Red）: 先進標定前視紅外線。超級大黃蜂所裝備的目標指示、紅外線感測器莢艙。

AWACS（Airborne Warning And Control System）: 空中預警管制機。探測空中目標並管制、統御友軍的機體。

A-X（Next Attacker）: 次期攻擊機。美國空軍次期攻擊機計劃，採用機種為A-10雷霆Ⅱ。

B

BROACH（Bomb Royal Ordnance Augmenting Charge）: 皇家軍用品工廠強化炸藥。AGM-154所使用的兩段式彈頭。

BVR（Beyond Visual Range）: 視距外射程。中程武裝的攻擊距離。

C

CALF（Common Affordable Light-weight Fighter）: 共同可負擔之輕型戰鬥機。

CAS／JVC（Control Actuation System／Jet Vane Controller）: 控制型導向系統／燃氣舵。AIM-9X飛彈的火箭引擎排氣偏向裝置。

CATIA（Computer Aided Three-Dimensional Interactive Application）: 三維互動軟體。跨平台的3維設計軟體。

CDP（Concept Demonstration Phase）: 概念發展階段。實際製作實驗機來證明設計概念是否可行的作業。

CFD（Computational Fluid Dynamics）: 計算流體動力學。用電腦分析流體的動態，在設計時進行模擬的手法。

CMC（Ceramic Matrix Composite）: 陶瓷複合材料。引擎外 所使用的複合性材料。

CTOL（Conventional Take-Off and Landing）: 常規起降。用地面跑道來進行起降的飛機。

CV（Carrier Variant）：艦載（型）。以航空母艦起降為基本的海軍用機種。

CVW（Carrier Air Wing）：艦載機聯隊。配備於美國海軍航空母艦，由各專用機種構成的聯合部隊。

D

DAGR（Direct Attack Guided Rocket）：直接攻擊導引火箭彈。在70毫米的火箭彈追加導引裝置的計劃。

DASS（Defensive Aids Sub-System）：防禦支援子系統。歐洲戰機颱風所裝備的防禦裝置。

DEAD（Destruction of Enemy Air Defense）：破壞敵人防空網。破壞敵人防空警戒雷達的任務。

DSI（Diverterless Supersonic Inlet）：無邊境層隔道超音速進氣道。F-35所使用的固定式進氣口，不具備讓邊境層錯開用的細縫。

E

EHA（Electro Hydrostatic Actuator）：電子液壓制動器。電子式的制動裝置，內部有獨自的液壓裝置存在。

EO DAS（Electro-Optical Distributed Aperture System）：電子光學分配開口系統。用F-35的光學裝置所架構出來的防衛、探測系統。

EOTS（Electro-Optical Targeting System）：光電目標定位系統。F-35所搭載的電子光學感測器。

EOTS
在洛克希德・馬丁的奧蘭多工廠製造的EOTS。
（照片提供：洛克希德・馬丁）

ER（Extanded Range）： 延長射程。戰機的場合為延長續航距離。

ER（Expanded Response）： 擴展有效範圍。AGM-84E SLAM的發展型，AGM-84H的名稱所冠上的代號。

EW（Electronic Warfare）： 電子作戰。使用電子儀器所進行的軍事行動，或是反制敵方電子作戰的行動。

F

FACO（Final Assembly and Check Out）： 最終組裝以及完成檢查。

FCLP（Field Carrier Landing Practice）： 著艦用地面訓練設施。模擬航空母艦降落流程的訓練設備。

FFAR（Folding-Fin Aerial Rocket）： 摺疊飛翅空中火箭。美軍戰機所搭載的70毫米火箭彈。

FLIR（Forward Looking Infra-Red）： 前視紅外線裝置。飛機搭載用的紅外線感測器。

FLM（Focused-Lethality Munition）： 集中致命性炸彈。SDB彈體的一種，可以侷限爆炸所影響的範圍。

FRP（Full-Rate Production）： 完整效率量產體制。在LRIP契約之後，以MYP契約來進行的量產作業。

G

GAINS（GPS Aided Inertial Navigation System）： GPS輔助慣性導航系統。寶石路雷射導引炸彈所追加的導引系統。

GPS（Global Positioning System）： 全球定位系統。使用人造衛星的導航系統。

HARM（High-Speed Anti-Radiation Missile）: 高速反幅射飛彈。AGM-88A～D的名稱。

HMCS（Helmet Mounted Cueing System）: 頭盔瞄準系統。裝在駕駛員頭盔上的目標指定裝置。

HMD（Helmet Mounted Display）: 頭盔顯示器。將情報顯示在頭盔護目鏡上的裝置。

HMSS（Helmet Mounted Sighting System）: 頭盔嵌入式瞄準系統。裝在頭盔上的瞄準裝置。

HOTAS（Hands On Throttle And Stick）: 手不離桿控制。在手不離開控制桿跟節流閥的狀態下，進行選擇武裝、切換雷達模式、瞄準等多樣化的控制。

HUD（Head Up Display）: 抬頭顯示器。位於駕駛艙的儀表板上方，顯示飛行資料與瞄準情報的裝置。

IBR（Integrated Blade Rotor）: 葉片一體成型轉軸。F135引擎的高壓壓縮機上，跟葉片一體成型的轉軸。

IIR（Imaging Infra-Red）: 影像紅外線。捕捉對象發出的紅外線（熱），來構成目標影像的探測裝置。

INS（Inertial Navigation System）: 慣性導航裝置。

IOC（Initial Operational Capability）: 初始作戰能力。雖然還有某種限制存在，但作戰能力已經得到認可，正式成為軍方一份子的裝備。

IRST（Infra-Red Search and Track）: 紅外線搜索追蹤裝置。探測目標所發出的紅外線（熱）來進行鎖定的感測器。

J

J（Joint）: 聯合。在本書的場合，是指美國兩個以上的軍種（空軍跟海軍等）共同推動一個計劃，配備同一種裝備，會加在計劃名稱的前方，JSF、JDAM等。

JAGM（Joint Air-to-Ground Missile）: 聯合對地飛彈。美國海軍跟陸軍共同進行的新型航空載具發射型空對地飛彈計劃。

JAS（Jakt, Attack, Spaning）: 戰鬥、攻擊、偵查。鷹獅戰機的代號。

JASSM（Joint Air-to-Surface Stand-off Missile）: 聯合空對地遠程飛彈。AGM-158的名稱。

JAST（Joint Advanced Strike Technology）: 聯合先進攻擊技術。

JDAM（Joint Direct Attack Munition）: 聯合直接攻擊彈藥。使用GPS跟INS來當做導引裝置的精密導引炸彈。

JIRD（Joint Initial Requirement Document）: 聯合暫時性需求文件。

JSF（Joint Strike Fighter）: 聯合攻擊戰鬥機。美國的新型戰鬥、攻擊機計劃，採用機體為F-35。

JSOW（Joint Stand-Off Weapon）: 聯合遙距攻擊炸彈。AGM-154的名稱。

J-STARS（Joint Surveillance and Target Acquisition Radar System）: 聯合監視目標攻擊雷達系統。探測地面目標並下達攻擊指示的機體。

JTIDS（Joint Tactical Information Distribution System）: 聯合戰術分發情報系統。共享戰術情報的資訊同步系統。

L

LCA（Light Combat Aircraft）: 輕型戰鬥機。一般指的是單引擎的小型、輕量戰鬥機，另外也被當作印度獨自的戰鬥機計劃名稱。

LIDS（Lift Improvement Devices）: 升力提升裝置。AV-8B機體下方的遮板，用來捕捉引擎噴射所反射的氣流，來成為升力的一部分。

LJDAM（Laser Joint Direct Attack Munition）: 雷射聯合直接攻擊彈藥。在JDAM精密導引炸彈加上雷射導引裝置。

LOAL（Lock-On After Launch）： 射後鎖定。飛彈發射之後進行捕捉、鎖定目標的攻擊方式。

LRIP（Low Rate Initial Production）： 低速初期生產。以初期階段的契約內容來進行的生產作業，在該機種進入完全運轉狀態之前，不論生產機數多寡都會用LRIP來稱呼。

M

MGS（Missionized Gun System）： 任務火砲系統。F-35B／C的機砲莢艙。

MIDS（Multifunctional Information Distribution System）： 多功能情報分發系統。多功能情報同步裝置的名稱。

MLU（Mid-Life Update）： 中期壽命升級。在戰鬥機的壽命期間改良各種能力。

MLU
丹麥空軍的F-16B，為了紀念MLU作業正式展開，特別改變機身的標誌。
（照片提供：洛克希德·馬丁）

MRF（Multi-Role Fighter）： 多功能戰機。

MYP（Multi-Year Procurement）： 多年度配備計劃。進入正式量產階段，好幾年下來持續進行配備的製造契約。

N

NACF（Navy Air Combat Fighter）： 海軍空戰戰鬥機。美國海軍的新型戰鬥機計劃，採用機體為F／A-18大黃蜂。

NATO（North Atlantic Treaty Organization）： 北大西洋公約組織。北美以及西歐諸國的軍事同盟組織，目前有28個加盟國。

NCO（Network Centric Operation）: 網路中心行動。用資訊同步裝置在執行任務時共享作戰情報。

O

OLS（Optical Line Scanner）: 光纖量測系統。T-50所配備的電子光學感測器。

OLS（Optical Locator System）: 光學定位系統。MiG-35的電子光學感測器。

OSF（Optronique Secteur Frontal）: 前方光學感測器。達梭疾風戰機所裝備的電子光學感測器。

P

PAK FA（Perspektivnyi Aviatsionnyi Kompleks Frontovoi Aviatsyi）: 未來戰術空軍戰鬥複合體。俄羅斯空軍的新型戰鬥機計劃，採用機體為蘇霍伊T-50。

PAW（Passive Attck Weapon）: 被動攻擊武器。CBU-107集束炸彈的名稱。

PIRATE（Passive Infra-Red Airborne Tracking Equipment）: 受動式紅外線搜索追蹤裝置。歐洲戰機颱風所裝備的電子光學感測器。

PIRATE
歐洲戰機颱風的紅
外線感測器PIRATE。
（照片：青木謙知）

PSFD（Production, Sustainment and Follow-on Development）: 維護與後續研製。在SDD之後實施的F-35研發作業。

R

RAM (Radar Absorbent Material)： 雷達波吸收材料。吸引雷達電波的材料、塗料。

RAS (Radar Absorbent Structure)： 雷達波吸收結構。可以將雷達電波密封在內的結構。

RCS (Radar Cross Section)： 雷達截面積。一個物體反射雷達電波到什麼程度的數據。

RFP (Request for Proposal)： 專案建議委託書。在某個計劃之中訂下必須具備的能力，並要求廠商提出製品的方案。

S

SCP (Security Coop Peration Participant)： 安全合作成員。F-35研發作業的參加型態之一。

SDB (Small Diameter Bomb)： 小直徑炸彈。小型的滑翔式導引炸彈。

SDD (System Development and Demon-stration)： 系統研發與實踐階段。航空器的研發階段之一。

SEAD (Suppression of Enemy Air Defense)： 壓制敵人防空網。對敵人防空雷達、地對空飛彈的射擊統馭雷達進行攻擊的任務。

SLAM (Stand-off Land Attack Missile)： 距外陸攻飛彈。AGM-84E／H的名稱。

SMAU (Stop Motion Aimpoint Update)： 靜止影像瞄準點更新。SLAM以及SLAM-ER的瞄準點選擇方式。

SSF (Supersonic STOVL Fighter)： 超音速STOVL戰鬥機。

Sta. (Station)： 懸掛點。戰鬥機用來搭載各種武裝的部位。

STOVL (Short Take-Off and Vertical Landing)： 短距離起飛垂直降落。可以用較短的跑道起飛，並且垂直降落的飛機。

T

TAI（Tusas Aerospace Industries）: 土耳其航天工業。

TDD（Target Detect Device）: 目標探測裝置。QS機雷用來探測目標的裝置。

TR（Transmitter／Receiver）: 收發器。接收、發出雷達電波的裝置。

V

VLO（Very Low Observable）: 超低可視性。難以被各種探測裝置捕捉到的匿蹤性。

VSI（Vision Systems International）: 視覺系統國際公司。為F-35研發頭盔顯示裝置的企業。

V／STOL（Vertical／Short Take-Off and Landing）: 短距離起降，垂直起降的航空載具。不包含直昇機在內。

V／STOL
美國的V／STOL測
驗機 Rockwell XFV-
12A。雖然完成，但
沒有實際飛行。
（照片：Rockwell）

W

WCMD（Wind-Corrected Munition Dispenser）: 風偏修正彈藥灑佈器。提高集束炸彈精準度的追加裝備。

WVR（Within Visual Range）: 可見射程。可由肉眼確認的短程攻擊距離。

《 參 考 文 獻 》

『Joint Strike Fighter』　　Gerard Keijsper
　　　　　　　　　　　　　（Pen & Sword Aviation、2007年）

『Jane's All The World Aircraft』
　　　　　　　　各年版　　（IHS Jane's）

『Jane's World Air Force Issue
　　　　　　Thirty-three』　（IHS Jane's, 2011）

『Chinese Aircraft』　　Yefim Gordon, Dmitriy Komissariov
　　　　　　　　　　　（Hikoki Publications, 2008年）

『戦闘機年鑑　各年版』　青木謙知
　　　　　　　　　　　（イカロス出版）

『21世紀への戦闘機』　（航空ジャーナル社、1987年）

『月刊航空ファン各号』　（文林堂）

『月刊Jウイング各号』　（イカロス出版）

『月刊エアワールド各号』　（エアワールド）

※ 除此之外還參考有各家廠商、組織的資料、網站

索　引

美國空軍機隊 武裝‧系統‧性能全解

14.5×20.5cm
208頁
定價280元
彩色

為什麼美國空軍能號稱「世界最強」！？

　　現今的美國空軍，在冷戰結束後的新世界秩序中，只留下了能支援美國、海外資產以及同盟國的最低限度必要裝備。

　　雖然如此，仍是裝備約160架大型轟炸機、2300架以上戰鬥轟炸機等武器的強大空軍。本書將針對代表美國空軍的各種主力機種，描述其各自特徵及能力等。

　　要如何界定主力機範圍，一直是令人頭痛的問題，支援作戰的偵察機不用說，空中加油機及大型運輸機也都在範圍內，小型運輸機、直昇機、訓練機則不被納入。另外，也針對在不久的將來會成為第一線作戰機的F-35閃電二型，安排一個章節來做進一步探討。

空域最強戰鬥機！F-22猛禽今天解密

14.5×20.5cm
208頁
定價300元
彩色

不需激情交手，單方面擊墜敵人的優雅英姿！

　　世界最強的猛禽類 RAPTOR的代號不是浪得虛名！144比0、241比2。這個數字是美國在2006年用F-15、F-16、F-18與F-22進行模擬空戰時所記錄下來的擊墜數。這些也算赫赫有名的戰鬥機，在F-22壓倒性的戰鬥力面前完全不是敵手。

　　匿蹤性、超機動性、超音速巡航……究竟，有哪些最先進的科技毫不吝惜地應用在F-22每一寸機身，讓它真正達致「先發現、先攻擊、先擊落」(First look, First shot, First kill !!)同時也讓它榮登史上造價最昂貴的戰鬥機？

　　對於這架如此無懈可擊、完美夢幻的戰鬥機，您是不是燃起進一步瞭解它的熱情渴望？翻開本書，即刻見識到這頭出閘猛禽的威風！

世界最強50！噴射戰鬥機戰力超解析

14.5×20.5cm
216頁
定價300元
彩色

細數黎明期到最新世代的戰鬥機！
誰會是每個世代的空中霸主？！

　　本書從噴射戰鬥機的產生到今日，挑選50種建立於各時代的戰機收錄。
　　從黎明期開始介紹各式戰鬥機的開發，躍入安裝雷達裝置與超音速的50年代，再進入第三世代戰鬥機開發的60年代冷戰時期，接著經過70～90年代高科技性能化的演進，最後來到了現今21世紀的最新世代戰鬥機，五個階段中全世界所有最具代表性的噴射戰鬥機戰力全解析。開發年代、開發經過，以及作戰半徑、速度、續航距離、主要性能等資料，鉅細靡遺地介紹給各位戰鬥機愛好者。

宙斯寶盾！神盾艦防禦系統超強圖解

14.5×20.5cm
256頁
定價300元
彩色

史上最強大的海上作戰力量
絕對要認識！堅不可摧的神等級戰鬥艦

　　所謂的「神盾艦」，對軍事迷們應該耳熟能詳吧？是不是還想更深度瞭解這支擁有神話力量的船艦？就讓我們從神盾艦的基礎開始解說吧！

　　神盾艦是擁有高度防空能力的戰鬥艦，美國擁有77艘神盾艦，日本也擁有6艘。所配備的神盾系統能夠同時偵測、處理及追蹤距離約500km的154個目標物並能針對其中的15~18個目標物同時以對空飛彈擊落。身處這個時代，不能不了解這則神話！本書將為你揭曉神盾艦的高科技秘密！

探索「科學世紀」

TITLE

軍事專家解讀 F-35閃電戰機全揭祕

STAFF

出版	瑞昇文化事業股份有限公司
作者	青木謙知
譯者	高詹燦　黃正由

總編輯	郭湘齡
責任編輯	林修敏
文字編輯	王瓊苹　黃雅琳
美術編輯	李宜靜　謝彥如
排版	執筆者設計工作室
製版	大亞彩色印刷製版股份有限公司
印刷	桂林彩色印刷股份有限公司
法律顧問	經兆國際法律事務所　黃沛聲律師

戶名	瑞昇文化事業股份有限公司
劃撥帳號	19598343
地址	新北市中和區景平路464巷2弄1-4號
電話	(02)2945-3191
傳真	(02)2945-3190
網址	www.rising-books.com.tw
Mail	resing@ms34.hinet.net

初版日期	2013年7月
定價	300元

國家圖書館出版品預行編目資料

軍事專家解讀：F-35閃電戰機全揭祕／青木謙知作 ；
高詹燦，黃正由譯. -- 初版. -- 新北市：瑞昇文化，
2013.06
224面；14.5x20.5公分
ISBN　978-986-5957-68-1 (平裝)

1. 戰鬥機

598.61　　　　　　　　　　　　　　102008989